2012年全国计算机等级考试系列辅导用书

——上机、笔试、智能软件三合一

三级网络技术

(2012年考试专用)

全国计算机等级考试命题研究中心
天合教育金版一考通研究中心 编

2012年全国计算机等级考试在新大纲的标准下实施。本书依据本次最新考试大纲调整，为考生提供了高效的三级网络技术备考策略。

本书共分为"笔试考试试题"、"上机考试试题"、"笔试考试试题答案与解析"和"上机考试试题答案与解析"四个部分。

第一部分主要立足于最新的考试大纲，解读最新考试趋势与命题方向，指导考生高效备考，通过这部分的学习可了解考试的试题难度以及重点；第二部分主要是针对最新的上机考试题型和考点，配合随书光盘使用，帮助考生熟悉上机考试的环境；第三部分提供了详尽的笔试试题讲解与标准答案，为考生备考提供了可靠的依据；第四部分为考生提供了上机试题的标准答案，帮助考生准确把握上机的难易程度。

另外，本书配备了上机光盘为考生提供真实的模拟环境并且配备了大量的试题以方便考生练习，同时也为考生提供了最佳的学习方案，通过练习使考生从知其然到知其所以然，为考试通过打下坚实的基础。

图书在版编目(CIP)数据

三级网络技术 / 全国计算机等级考试命题研究中心，天合教育金版一考通研究中心编. —北京：机械工业出版社，2011.10

(上机、笔试、智能软件三合一)

2012年全国计算机等级考试系列辅导用书

ISBN 978-7-111-36324-8

Ⅰ.①三… Ⅱ.①全…②天… Ⅲ.①计算机网络—自学参考资料Ⅳ.①TP393

中国版本图书馆CIP数据核字(2011)第224043号

机械工业出版社(北京市百万庄大街22号　邮政编码100037)

策划编辑：丁　诚　　　责任编辑：丁　诚

责任印制：杨　曦

保定市中画美凯印刷有限公司印刷

2012年1月第1版第1次印刷

210mm×285mm・9.5印张・348千字

0 001—5 000册

标准书号：ISBN 978-7-111-36324-8

光盘号：ISBN 978-7-89433-170-0

定价：36.00元(含1CD)

凡购本书，如有缺页、倒页、脱页，由本社发行部调换

电话服务

社服务中心：(010)88361066

销售一部：(010)68326294

销售二部：(010)88379649

读者购书热线：(010)88379203

网络服务

门户网：http://www.cmpbook.com

教材网：http://www.cmpedu.com

前　　言

全国计算机等级考试(NCRE)自1994年由教育部考试中心推出以来,历经十余年,共组织二十多次考试,成为面向社会的用于考查非计算机专业人员计算机应用知识与能力的考试,并日益得到社会的认可和欢迎。客观、公正的等级考试为培养大批计算机应用人才开辟了广阔的天地。

为了满足广大考生的备考要求,我们组织了多名多年从事计算机等级考试的资深专家和研究人员精心编写了《2012年全国计算机等级考试系列辅导用书》,本书是该丛书中的一本。本书紧扣考试大纲,结合历年考试的经验,增加了一些新的知识点,删除了部分低频知识点,编排体例科学合理,可以很好地帮助考生有针对性地、高效地做好应试准备。本书由上机考试和笔试两部分组成,配套使用可取得更好的复习效果,提高考试通过率。

一、笔试考试试题

本书中包含的11套笔试试题,由本丛书编写组中经验丰富的资深专家在全面深入研究真题、总结命题规律和发展趋势的基础上精心选编,无论在形式上还是难度上,都与真题一致,是考前训练的最佳选择。

二、上机考试试题

本书包含的30套上机考试试题,针对有限的题型及考点设计了大量考题。本书的上机试题是从题库中抽取全部典型题型,提高备考效率。

三、上机模拟软件

从登录到答题、评分,都与等级考试形式完全一样,评分系统由对考试有多年研究的专业教师精心设计,使模拟效果更加接近真实的考试。本丛书试题的解析由具有丰富实践经验的一线教学辅导教师精心编写,语言通俗易懂,将抽象的问题具体化,使考生轻松、快速地掌握解题思路和解题技巧。

在此,我们对在本丛书编写和出版过程中,给予过大力支持和悉心指点的考试命题专家和相关组织单位表示诚挚的感谢。由于时间仓促,本书在编写过程中难免有不足之处,恳请读者批评指正。

丛书编写组

目　　录

>>> 第1章 考试大纲 >>>

考试大纲

基本要求

1. 具有计算机系统及应用的基本知识。
2. 掌握计算机局域网的基本概念与工作原理。
3. 了解网络操作系统的基础知识。
4. 掌握 Internet 的基本应用知识，了解电子政务与电子商务的应用。
5. 掌握组网、网络管理与网络安全等计算机网络应用的基础知识。
6. 了解网络技术的发展。
7. 掌握计算机操作并具有 C 语言编程(含上机调试)的能力。

考试内容

一、基本知识

1. 计算机系统组成。
2. 计算机软件的基础知识。
3. 多媒体的基本概念。
4. 计算机应用领域。

二、计算机网络基本概念

1. 计算机网络的定义与分类。
2. 数据通信技术基础。
3. 网络体系结构与协议的基本概念。
4. 广域网、局域网与城域网的分类、特点与典型系统。
5. 网络互联技术与互联设备。

三、局域网应用技术

1. 局域网的分类与基本工作原理。
2. 高速局域网。
3. 局域网的组网方法。
4. 网络操作系统。
5. 结构化布线技术。

四、网络操作系统

1. 操作系统的基本功能。
2. 网络操作系统的基本功能。
3. 了解当前流行的网络操作系统的概况。

五、Internet 基础

1. Internet 的基本结构与主要服务。
2. Internet 通信协议 ——TCP/IP。
3. Internet 接入方法。
4. 超文本、超媒体与 Web 浏览器。

六、网络安全技术

1. 信息安全的基本概念。
2. 网络管理的基本概念。
3. 网络安全策略。
4. 加密与认证技术。
5. 防火墙技术的基本概念。

七、网络应用:电子商务与电子政务

1. 电子商务的基本概念与系统结构。
2. 电子政务的基本概念与系统结构。
3. 浏览器、电子邮件及 Web 服务器的安全特性。
4. Web 站点内容的策划和应用。
5. 使用 Internet 进行网上购物与访问政府网站。

八、网络技术发展

1. 网络应用技术的发展。
2. 宽带网络技术。
3. 网络新技术。

九、上机操作

1. 掌握计算机基本操作。
2. 熟练掌握 C 语言程序设计基本技术、编程和调试。
3. 掌握与考试内容相关的上机应用。

考试方法

一、笔试:120 分钟,满分 100 分。

二、上机考试:60 分钟,满分 100 分。

第2章　笔试考试试题

第1套　笔试考试试题

一、选择题

1. 解释程序的功能是(　　)。

A. 将高级语言转换为目标程序　　B. 将汇编语言转换为目标程序

C. 解释执行高级语言程序　　D. 解释执行汇编语言程序

2. 以使用逻辑元器件为标志，大型机经历了4个阶段，其中第3代是(　　)。

A. 电子管计算机　　B. 大规模集成电路计算机

C. 集成电路计算机　　D. 超大规模集成电路计算机

3. 下列说法，正确的是(　　)。

A. 服务器只能由大型主机、小型机构成　　B. 服务器只能由装配有安腾处理器的计算机构成

C. 服务器不能由个人计算机构成　　D. 服务器可以由装配有奔腾、安腾处理器的计算机构成

4. CAM的含义是(　　)。

A. 计算机辅助设计　　B. 计算机辅助工程

C. 计算机辅助制造　　D. 计算机辅助测试

5. 在ISO/OSI参考模型中，网络层的主要功能是(　　)。

A. 组织两个会话进程之间的通信，并管理数据的交换

B. 数据格式变换、数据加密与解密、数据压缩与恢复

C. 路由选择、拥塞控制与网络互联

D. 确定进程之间通信的性质，以满足用户的需要

6. 下列对奔腾芯片的体系结构的描述中，错误的是(　　)。

A. 奔腾4的算术逻辑单元可以以双倍的时钟频率运行

B. 在处理器与内存控制器间提供了3.2Gbps的带宽

C. SSE指流式的单指令流、单数据流扩展指令

D. 奔腾4细化流水的深度达到20级

7. 以下说法正确的是(　　)。

A. 汇编语言和高级语言都必须转换成机器语言才能被计算机执行

B. C语言就是使用解释程序进行翻译的

C. 编译程序是源程序输入一句、编译一句

D. 解释程序执行速率比较快，但过程比较复杂

8. $R_{max}=B\cdot\log_2(1+S/N)$公式中，S/N的含义是(　　)。

A. 误码率　　B. 带宽

C. 最大传输速率　　D. 信号噪声功率比

9. 计算机网络技术发展的一座里程碑是(　　)。

A. ARPANET　　B. Ethernet

C. Internet　　D. Birnet

10. 描述计算机网络中数据通信的基本技术参数是数据传输速率与(　　)。

A. 服务质量　　B. 传输延迟

C. 误码率　　D. 响应时间

11."1"信号经过物理链路传输后变成"0"信号,负责查出这个错误的是(　　)。

A. 应用层　　B. 数据链路层

C. 传输层　　D. 物理层

12. 城域网设计的目标是要满足几十千米范围内的大量企业、机关、公司的(　　)。

A. 多个政务内网互联的需求　　B. 多个局域网互联的需求

C. 多个广域网互联的需求　　D. 多个网络操作系统互联的需求

13. 奈奎斯特定理描述了有限带宽、无噪声信道的最大数据传输速率与信道带宽的关系。对于二进制数据,若最大数据传输速率为6000bps,则信道带宽B=(　　)。

A. 300Hz　　B. 6000Hz

C. 3000Hz　　D. 2400Hz

14. 网卡的物理地址一般写入(　　)中。

A. 网卡的RAM　　B. 与主机绑定

C. 网卡生产商　　D. 网卡的只读存储器

15. 在OSI的7层协议中,完成数据格式变换、数据加密和解密、数据压缩与恢复功能的是(　　)。

A. 传输层　　B. 表示层

C. 会话层　　D. 应用层

16. 计算机网络拓扑通过网络中结点与通信线路之间的几何关系来表示(　　)。

A. 网络层次　　B. 协议关系

C. 体系结构　　D. 网络结构

17. 802.5标准定义的源路选网桥。它假定每一个结点在发送帧时都已经清楚地知道发往各个目的结点的路由,源结点在发送帧时需要详细的路由信息放在帧的(　　)。

A. 数据字段　　B. 首部

C. 路由字段　　D. IP地址字段

18. 提供博客服务的网站为博客的使用开辟了一个(　　)。

A. 独立空间　　B. 共享空间

C. 传输信道　　D. 传输路径

19. 局域网从介质访问控制方法的角度可以分为(　　)两类。

A. 带有冲突检测的局域网和不带有冲突检测的局域网

B. 分布式局域网和总线型局域网

C. 共享介质局域网和交换式局域网

D. 采用令牌总线、令牌环的局域网和采用CSMA/CD的局域网

20. 广域网覆盖的地理范围从几十千米到几千千米。它的通信子网主要使用(　　)。

A. 报文交换技术　　B. 分组交换技术

C. 文件交换技术　　D. 电路交换技术

21. IEEE定义Token Bus介质访问控制子层与物理规范的是(　　)。

A. 802.3标准　　B. 802.4标准

C. 802.5标准　　D. 802.6标准

22. 虚拟网络中逻辑工作组的结点不受物理位置的限制,逻辑工作组的划分管理是通过(　　)实现的。

A. 硬件方式　　B. 存储转发方式

C. 改变接口连接方式　　D. 软件方式

23. 虚拟局域网采取(　　)方式实现逻辑工作组的划分和管理。

A. 地址表　　B. 软件

C. 路由表　　D. 硬件

24. 利用(　　)可以扩大远距离局域网的覆盖范围。

A. 单一集线器　　B. 集线器向上连接端口级联

C. 双绞线级联　　D. 堆叠式集线器结构

25. 典型的以太网交换机允许一部分端口支持10BASE－T,另一部分端口支持100BASE－T。采用(　　)技术时,可以同时支持10/100BASE－T。

A. 帧转发　　B. 自动侦测

C. 地址解析　　D. 差错检测

26. 在路由器互联的多个局域网中,通常要求每个局域网的(　　)。

A. 数据链路层协议和物理层协议都必须相同

B. 数据链路层协议必须相同,而物理层协议可以不同

C. 数据链路层协议可以不同,而物理层协议必须相同

D. 数据链路层协议和物理层协议都可以不同

27. 以下关于网桥的说法,错误的是(　　)。

A. 网桥不更改接受帧的数据字段的内容和格式

B. 衡量网桥性能的参数主要是每秒接收与转发的帧数

C. 网桥必须具有寻址能力和路由选择能力

D. 网桥所连接的局域网的MAC层与物理协议必须相同

28. 下列任务不是网络操作系统的基本任务的是(　　)。

A. 明确本地资源与网络资源之间的差异　　B. 为用户提供各种基本的网络服务功能

C. 管理网络系统的共享资源　　D. 提供网络系统的安全服务

29. 长期以来,网络操作系统的三大传统阵营指的是:Microsoft的Windows NT、Novell的NetWare和(　　)。

A. UNIX　　B. Linux

C. OS/2　　D. DOS

30. 现行IP地址采用(　　)标记法。

A. 冒号十进制　　B. 冒号十六进制

C. 点分十进制　　D. 点分十六进制

31. 网络操作系统提供的主要网络管理功能有网络状态监控、网络存储管理和(　　)。

A. 攻击检测　　B. 网络故障恢复

C. 中断检测　　D. 网络性能分析

32. 著名的SNMP协议使用的公平端口为(　　)。

A. TCP端口20和21　　B. UDP端口20和21

C. TCP端口161和162　　D. UDP端口161和162

33. 在因特网上,信息资源和服务的载体是(　　)。

A. 集线器　　B. 路由器

C. 交换机　　D. 主机

34. 负责在路由出现问题时及时更换路由的是(　　)。

A. 静态路由表　　B. IP协议

C. IP数据报　　D. 出现问题的路由器

35. 下列关于域名管理系统(Domain Name System,DNS)的说法不正确的是(　　)。

A. 其负责域名到IP地址的变换

B. 是一个中央集权式的管理系统

C. 实现域名解析要依赖于本地的DNS数据库

D. 实现域名解析要依赖于域名分解器与域名服务器这两个管理软件

36. 下列关于FTP说法正确的是(　　)。

A. FTP采用的是对等网工作模式,既可以上传,又可以下载,实现双向文件传送

B. FTP服务是一种实时的联机服务

C. FTP客户端应用程序有三种类型:传统的FTP命令行、FTP网站和专用FTP下载工具

D. 使用浏览器访问 FTP 服务器时，可以上传也可以下载

37. 以下关于因特网中的电子邮件的说法，错误的是(　　)。

A. 电子邮件是固定格式的，它由邮件头和邮件体两部分组成

B. 电子邮件应用程序的最基本的功能是：创建和发送，接收、阅读和管理邮件的功能

C. 密码是对邮件的一个最基本的保护。目前，保证电子邮件安全性的主要手段是使用大写字母、小写字母、数字和符号混用的密码

D. 利用电子邮件可以传送多媒体信息

38. IPv6 单播地址包括可聚类的全球单播地址和(　　)。

A. IPv4 兼容的地址　　B. 链路本地地址

C. 全零地址　　D. 回送地址

39. 远程登录之所以能允许任意类型的计算机之间进行通信，是因为(　　)。

A. 远程计算机和用户计算机的操作系统是兼容的

B. 用户计算机只是作为一台仿真终端向远程计算机传送击键命令信息和显示命令执行结果，而所有的运行都在远程计算机上完成

C. Telnet 采用的是对等网络模式

D. 在远程计算机上，用户计算机拥有自己的账号或该远程计算机提供公开的用户账号

40. 因特网的域名解析需要借助于一组既独立又协作的域名服务器完成，这些域名服务器组成的逻辑结构为(　　)。

A. 总线型　　B. 树形

C. 环形　　D. 星形

41. 在下图所示的简单互联网中，路由器 2 的路由表对应目的网络 192.168.4.0 的下一跳步 IP 地址应为(　　)。

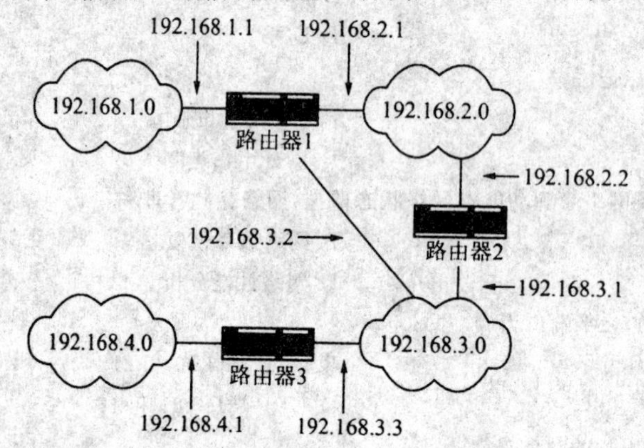

A. 192.168.3.1　　B. 192.168.2.2

C. 192.168.3.3　　D. 192.168.4.1

42. 每次打开文本编辑器编辑文档时，却发现内容都被复制到另一台主机上，有很大可能性 notepad 程序已被人植入(　　)。

A. 熊猫烧香　　B. Telnet 服务

C. 计算机病毒　　D. 特洛伊木马

43. 一台主机的域名是 www.hao.com.cn，那么这台主机一定是(　　)。

A. 支持 FTP 服务　　B. 支持 WWW 服务

C. DNS 服务　　D. 以上的说法都是错误的

44. 下列关于网络管理协议说法错误的是(　　)。

A. 网络管理协议是高层网络应用协议，建立在具体物理网络以及基础通信协议基础之上，为网络管理平台服务

B. SNMP 是常用的计算机网络管理协议，位于 ISO/OSI 参考模型的应用层

C. MIB 是 SNMP 网络管理系统的核心

D. SNMP 与 SMIS 都采用轮询监控方式

45. 在对称加密体制中必须保密的是(　　)。

A. 加密算法　　B. 解密算法

C. 密钥　　D. 以上全是

46. 关于数字签名,下面说法错误的是(　　)。

A. 数字签名技术能够保证信息传输过程中的安全性

B. 数字签名技术能够保证信息传输过程中的完整性

C. 数字签名技术能够对发送者的身份进行认证

D. 数字签名技术能够防止交易中抵赖的发生

47. 下列叙述不正确的是(　　)。

A. 公钥加密算法可用于保证数据完整性和数据保密性

B. 公钥加密算法可使发送者不可否认

C. 常规加密使用的密钥叫公钥

D. 公钥加密体制有两种基本的模型

48. 下面关于密码学基本概念的说法正确的是(　　)。

A. 置换密码和代换密码同属于非对称密码

B. 按明文处理方法分为分组密码和流密码

C. 按从明文到密文的转换操作分为对称密码与非对称密码

D. 需要隐藏的消息称为密文

49. 某明文使用恺撒密码来加密,在密钥为 3 时 TEST 的密文为(　　)。

A. WHVW　　B. DWUD

C. test　　D. FQQO

50. 如果发送方使用的加密密钥和接收方使用的解密密钥不相同,从其中一个密钥难以推出另一个密钥,这样的系统称为(　　)系统。

A. 常规加密　　B. 公钥加密

C. 对称加密　　D. 单密钥加密

51. 从网络高层协议角度,网络攻击可以分为(　　)。

A. 主动攻击与被动攻击　　B. 服务攻击与非服务攻击

C. 病毒攻击与主机攻击　　D. 侵入攻击与植入攻击

52. 在以下商务活动中,属于电子商务的范畴的是(　　)。

Ⅰ. 网上购物　　Ⅱ. 电子支付

Ⅲ. 在线谈判　　Ⅳ. 利用电子邮件进行广告宣传

A. Ⅰ和Ⅲ　　B. Ⅰ、Ⅱ和Ⅳ

C. Ⅰ、Ⅱ和Ⅲ　　D. Ⅰ、Ⅱ、Ⅲ和Ⅳ

53. 下列叙述中错误的是(　　)。

A. 货到付款是网上购物中最常用的支付方式之一

B. 目前,在我国网上直接划付已经普及

C. 目前,在我国传统的现金支付方式仍然是最主要的支付方式

D. 网上付款是一种效率很高的支付方式

54. 下面关于单播、广播和组播的说法,错误的是(　　)。

A. 视频会议和视频点播属于单播

B. 组播使用广播地址

C. 广播无法针对每个用户的要求和时间及时提供个性化服务

D. 组播与单播相比,组播没有纠错机制,发生丢包、错包后难以弥补

55. 证书按用户和应用范围可以分为个人证书、企业证书、(　　)和业务受理点证书等。

A. 服务器证书　　B. 实体证书

C. 过期证书　　D. 电子证书

56. ISDN 基本入口的 B 信道的数据速率是(　　)。

A. 32Kbps　　B. 64Kbps

C. 144Kbps　　D. 192Kbps

57. 如果电缆调制解调器使用 8MHz 的频带宽度,那么在利用 64QAM 时,它可以提供的速率为(　　)。

A. 27Mbps　　B. 36Mbps

C. 48Mbps　　D. 64Mbps

58. 异步传输模式 ATM 是以信元为基础的分组交换技术。从通信方式看,它属于(　　)。

A. 异步串行通信　　B. 异步并发通信

C. 同步串行通信　　D. 同步并发通信

59. 下面不是第三代移通信系统(3G)国际标准的是(　　)。

A. GSM 采用窄带 TDMA　　B. GPRS 采用扩频技术

C. CDMA 的含义是码分多址　　D. TD－SCDMA 是新一代 3G 技术

60. MSN 采用哪种 IM 协议?(　　)

A. OSCAR 协议　　B. MSNP 协议

C. XML 协议　　D. HTTP 协议

二、填空题

1. 超媒体系统是由编辑器、________和超媒体语言组成的。

2. 每秒执行一百万条浮点指令的速度单位的英文缩写是________。

3. 网络拓扑结构的设计对网络性能、系统可靠性和________等方面有着重大的影响。

4. 无线局域网是使用无线传输介质,按照采用的传输技术可以分三类:红外线局域网、窄带微波局域网和________。

5. 传统文本都是线性的、顺序的,而超文本则是________的。

6. OSI 参考模型中,网络层的主要功能有:路由选择、________和网络互联等。

7. 网络操作系统可分为面向任务型和通用型两大类,而通用型网络操作系统又可分为________和基础级系统。

8. 存储转发交换可以分为两类:报文存储转发交换和________。

9. Windows NT 操作系统内置 4 种标准网络协议:TCP/IP、MWLink 协议、NetBIOS 协议的扩展用户接口和________。

10. URL 的 3 个组成部分是:________、主机名、路径及文件名。

11. 虚拟局域网用软件方式来实现逻辑工作组的划分与管理,其成员可以用交换机端口号、________或网络层地址等进行定义。

12. 有一种攻击不断对网络服务系统进行干扰,改变其正常的作业流程,执行无关程序使系统响应减慢甚至瘫痪。它影响正常用户的使用甚至使合法用户被排斥而不能得到服务。这种攻击叫做________。

13. 电子商务应用系统通常包含________、支付网关系统、业务应用系统和用户及终端系统。

14. 保密学的两个分支是密码学和________。

15. 数据加密技术中的________方式是对整个网络系统采取保护措施,所以它是将来的发展趋势。

16. 目前有关认证的使用技术主要有:________、身份认证和数字签名。

17. 域内组播路由协议可分为两种类型:密集模式和________。

18. 与共享介质局域网不同,交换式局域网可以通过交换机端口之间的________连接来增加局域网的带宽。

19. 在 HFC 接入中,局端设备和远程设备之间采用光纤,而远端设备和用户之间则采用________。

20. 网络安全环境由三个重要部分组成,它们是________、技术和管理。

第2套 笔试考试试题

一、选择题

1. 服务器处理的数据都很庞大，例如大型数据库、数据挖掘、决策支持以及设计自动化等应用，因而需要多个安腾处理器来组成系统。安腾芯片采用的创新技术是（　　）。

A. 复杂指令系统计算(CISC)　　B. 精简指令系统计算(RISC)

C. 简明并行指令计算(EPIC)　　D. 复杂并行指令计算(CPIC)

2. 主机板有许多分类方法，其中按芯片集的规格进行分类的是（　　）。

A. Slot 1 主板、Socket 7 主板　　B. AT 主板、Baby—AT 主板、ATX 主板

C. SCSI 主板、EDO 主板、AGP 主板　　D. TX 主板、LX 主板、BX 主板

3. 在局域网的拓扑结构中，只允许数据在传输媒体中单向流动的拓扑结构是（　　）。

A. 星形拓扑　　B. 总线型拓扑

C. 环形拓扑　　D. 树形拓扑

4. 下列不属于图形图像软件的是（　　）。

A. Photoshop　　B. Picture It

C. CorelDraw　　D. Access

5. 在奔腾芯片中，设置了多条流水线，可以同时执行多个处理，这称为（　　）。

A. 超标量技术　　B. 超流水线技术

C. 多线程技术　　D. 多重处理技术

6. PC 所配置的显示器，若显示控制卡上显示存储器的容量是 1MB，当采用 800×600 分辨模式时，每个像素最多可以有不同的颜色的数量为（　　）。

A. 256　　B. 65536

C. 16M　　D. 4096

7. 数据传输速率是描述数据传输系统的重要参数之一，数据传输速率在数值上等于每秒钟传输构成数据代码的二进制（　　）。

A. 比特数　　B. 字符数

C. 帧数　　D. 分组数

8. 在网络的拓扑结构中，只有一个根结点，而其他结点都只有一个父结点的结构称为（　　）。

A. 星形结构　　B. 树形结构

C. 网形结构　　D. 环形结构

9. 计算机软件分系统软件和应用软件两大类，其中处于系统软件核心地位的是（　　）。

A. 数据库管理系统　　B. 操作系统

C. 程序预言系统　　D. 网络通信软件

10. 机器指令是用二进制代码表示的，它能被计算机（　　）。

A. 编译后执行　　B. 直接执行

C. 解释后执行　　D. 汇编后执行

11. 联网计算机在相互通信时必须遵循统一的（　　）。

A. 软件规范　　B. 网络协议

C. 路由算法　　D. 安全规范

12.（　　）拓扑结构是点对点式网络和广播式网络都可以使用的类型。

A. 环形　　B. 总线型

C. 星形　　D. 网形

13. 下列不属于计算机网络体系结构特点的是(　　)。

A. 抽象的功能定义　　B. 以高度结构化的方式设计

C. 分层结构，是网络各层及其协议的集合　　D. 在分层结构中，上层必须知道下层是怎样实现的

14. 帧中继(Frame Relay)交换是以帧为单位进行交换的，它是在(　　)上进行的。

A. 物理层　　B. 数据链路层

C. 网络层　　D. 运输层

15. 以下关于计算机网络拓扑的讨论中，错误的是(　　)。

A. 计算机网络拓扑通过网中结点与通信线路之间的几何关系表示网络结构

B. 计算机网络拓扑反映出网络中各实体间的结构关系

C. 拓扑设计是建设计算机网络的第一步，也是实现各种网络协议的基础

D. 计算机网络拓扑反映出网络中客户/服务器的结构关系

16. 下列关于 Ethernet 地址的描述，正确的是(　　)。

A. Ethernet 地址就是通常所说的 IP 地址　　B. 每个 IP 地址只能对应一个 MAC 地址

C. 域名解析必然会用到 MAC 地址　　D. 每个网卡的 MAC 地址都是唯一的

17. 在 OSI 参考模型的各层中，向用户提供可靠的端到端服务，透明地传送报文的是(　　)。

A. 应用层　　B. 数据链路层

C. 传输层　　D. 网络层

18. 下列标准中，使用单模光纤的是(　　)。

A. 100BASE-T4　　B. 1000BASE-T

C. 1000BASE-SX　　D. 1000BASE-LX

19. 以下不是数据链路层需要实现的功能是(　　)。

A. 差错控制　　B. 流量控制

C. 路由选择　　D. 在通信实体之间建立数据链路连接

20. 一个校园网与城域网互联，它应该选用的互联设备为(　　)。

A. 交换机　　B. 网桥

C. 路由器　　D. 网关

21. IEEE 802.3 标准规定的以太网物理地址长度为(　　)。

A. 8bit　　B. 32bit

C. 48bit　　D. 64bit

22. 局域网指较小地域范围内的计算机网络，一般是一幢或几幢建筑物内的计算机互联成网。下面关于局域网的叙述中，错误的是(　　)。

A. 它的地域范围有限　　B. 它的数据传输速率较高

C. 局域网内部用户之间的信息交换量大　　D. 它扩大了信息社会中资源共享的范围

23. 在局域网的拓扑结构中，只允许数据在传输媒体中单向流动的拓扑结构是(　　)。

A. 星形拓扑　　B. 总线型拓扑

C. 环形拓扑　　D. 树形拓扑

24. FDDI 采用一种新的编码技术，是(　　)。

A. 曼彻斯特编码　　B. 4B/5B 编码

C. 归零编码　　D. 不归零编码

25. 最早使用随机争用技术的是(　　)。

A. ALOHA 网　　B. ARPANET 网

C. Ethernet　　D. Internet 网

26. 在直接交换方式中，局域网交换机只要接收并检测到目的地址字段，就立即将该帧转发出去，而不管这一帧数据是否出错。帧出错检测任务由(　　)完成。

A. 源主机　　B. 结点主机

C. 中继器　　D. 集线器

27. VLAN 在现代组网技术中占有重要地位，同一个 VLAN 中的两个主机（　　）。

A. 必须连接在同一交换机上　　B. 可以跨越多台交换机

C. 必须连接在同一集线器上　　D. 可以跨越多台路由器

28. Wi-Fi 无线局域网使用扩频的两种方法是跳频扩频与（　　）。

A. 混合扩频　　B. 直接序列扩频

C. 软扩频　　D. 线性扩频

29. 就资源管理和用户接口而言，操作系统的主要功能包括：处理器管理、存储管理、设备管理和（　　）。

A. 时间管理　　B. 文件管理

C. 事务管理　　D. 数据库管理

30. 在下列任务中，属于网络操作系统的基本任务的是（　　）。

Ⅰ. 屏蔽本地资源与网络资源之间的差异

Ⅱ. 为用户提供基本的网络服务功能

Ⅲ. 管理网络系统的共享资源

Ⅳ. 提供网络系统的安全服务

A. 仅Ⅰ和Ⅱ　　B. 仅Ⅰ和Ⅲ

C. 仅Ⅰ、Ⅱ和Ⅲ　　D. 全部

31. 下列关于 NetWare 的描述中，说法错误的是（　　）。

A. NetWare 的三级容错是区别于其他操作系统的显著特点

B. NetWare 是以文件服务器为中心

C. 注册安全性是 NetWare 四级安全保密机制之一

D. 工作站资源可以良好的共享是 NetWare 的优点之一

32. 以下关于单机操作系统的描述中，哪种说法是错误的？（　　）

A. 操作系统的设备管理负责分配和回收外部设备，以及控制外部设备按用户程序的要求进行操作

B. 操作系统必须提供一种启动进程的机制

C. 文件系统负责管理硬盘和其他大容量存储设备中的文件

D. 存储管理可以防止应用程序访问不属于自己的内存

33. 尽管 Windows NT 操作系统的版本不断变化，但从它的网络操作与系统应用角度来看有两个概念是始终不变的，那就是工作组模型与（　　）。

A. 域模型　　B. 用户管理模型

C. TCP/IP 模型　　D. 输入管理程序模型

34. UNIX 系统中，输入/输出设备被看成是下列 4 种文件的哪一种？（　　）

A. 普通文件　　B. 目录文件

C. 索引文件　　D. 特殊文件

35. 一台主机的 IP 地址为 202.113.224.68，子网掩码为 255.255.255.240，那么这台主机的主机号为（　　）。

A. 4　　B. 6

C. 8　　D. 68

36. 在因特网中的路由器必须实现的的协议是（　　）。

A. IP 和 TCP　　B. IP 和 HTTP

C. IP　　D. HTTP 和 TCP

37.（　　）是因特网的基础设施。

A. 集线器　　B. 主机

C. 信息资源　　D. 通信线路

38. 电子邮件服务器之间相互传递邮件通常使用的协议为（　　）。

A. POP3　　B. SMTP

C. FTP　　D. SNMP

39. 以下关于 TCP 的说法中，正确的是(　　)。

A. 为保证 TCP 连接建立和终止的可靠性，TCP 使用了三次握手协议

B. 发送方收到一个零窗口通告时，还可以继续向接收方发送数据

C. TCP 没有提供流量控制

D. 窗口和窗口通告难以有效控制 TCP 的数据传输流量，发送方发送的数据有可能会溢出接收方的缓冲空间

40. 关于因特网中的 WWW 服务，以下说法错误的是(　　)。

A. WWW 服务器中存储的通常是符合 HTML 规范的结构化文档

B. WWW 服务器必须具有创建和编辑 Web 页面的功能

C. WWW 客户程序也被称为 WWW 浏览器

D. WWW 服务器也被称为 Web 站点

41. 若没有特殊声明，匿名 FTP 服务登录口令为(　　)。

A. test　　B. guest

C. anonymous　　D. 用户电子邮件地址中的账号

42. 顶级域名的划分采用(　　)两种划分模式。

A. 组织模式和地理模式　　B. 分级模式和单级模式

C. IP 地址模式和域名模式　　D. 全称模式和简写模式

43. 如果采用"蛮力攻击"对密文件进行破译，假设计算机的处理速度为 1 密钥/μs，那么大约 1ns 时间一定能破译 56bit 密钥生成的密文(　　)。

A. 71 分钟　　B. 1.1×10^3 年

C. 2.3×10^3 年　　D. 5.4×10^{24} 年

44.(　　)功能的主要任务是发现和排除故障。

A. 故障管理　　B. 配置管理

C. 设备管理　　D. 安全管理

45. 电信管理网中主要使用的协议是(　　)。

A. SNMP　　B. RMON

C. CMIS/CMIP　　D. LMMP

46. 所谓"数字签名"是(　　)。

A. 一种使用"公钥"加密的身份宣示　　B. 一种使用"私钥"加密的身份宣示

C. 一种使用"对称密钥"加密的身份宣示　　D. 一种使用"不可逆算法"加密的身份宣示

47. 在美国国防部的可信任计算机标准评估准则中，安全等级最高的是(　　)。

A. B1 级　　B. B3 级

C. C2 级　　D. A1 级

48. 如果使用恺撒密码，在密钥为 4 时 attack 的密文为(　　)。

A. ATTACK　　B. DWWDFN

C. EXXEGO　　D. FQQFAO

49. 从通信网络的传输方面，数据加密技术可以分为(　　)。

1. 链路加密方式 2. 环路加密方式 3. 结点到结点方式 4. 端到端方式

A. 123　　B. 124

C. 134　　D. 234

50. 基于 MD5 的一次性口令生成算法是(　　)。

A. PPP 认证协议　　B. S/Key 口令协议

C. Netbios 协议　　D. Kerberos 协议

51. 关于防火墙，以下说法错误的是(　　)。

A. 防火墙能隐藏内部 IP 地址　　B. 防火墙能控制进出内网的信息流向和信息包

C. 防火墙能提供 VPN 功能
D. 防火墙能阻止来自内部的威胁

52. 用户 A 通过计算机网络将消息传给用户 B，若用户 B 想确定收到的消息是否来源于用户 A，以及来自 A 的消息有没有被别人篡改过，则应该在计算机网络中使用（　　）。

A. 消息认证
B. 身份认证
C. 数字认证
D. 以上都不对

53. 电子商务的交易类型主要包括（　　）。

A. 企业与个人的交易(B to C)方式、企业与企业的交易(B to B)方式
B. 企业与企业的交易(B to B)方式、个人与个人的交易(C to C)方式
C. 企业与个人的交易(B to C)方式、个人与个人的交易(C to C)方式
D. 制造商与销售商的交易(M to S)方式、销售商与个人的交易(S to C)方式

54. 下述 P2P 网络中，不属于混合式结构的是（　　）。

A. Skype
B. Gnutella
C. BitTorent
D. PPLive

55. 在各种商务活动中，参与活动的双方需要确认对方的身份，来保证交易活动顺利、安全的进行。通过（　　）发放的证书确认对方身份或表明自己身份，是电子商务中最常用的方法之一。

A. 政府部门
B. CA 安全认证中心
C. 因特网服务提供者
D. 网上银行

56. 关于无线微波扩频技术，以下错误的是（　　）。

A. 相连两点距离可以很远，适用于相连两点之间具有大量阻挡物的环境
B. 抗噪声和抗干扰能力强，适用于电子对抗
C. 保密性强，有利于防止窃听
D. 建设简便、组网灵活、易于管理

57. 在 ISDN 中，把 2B+D 信道合并为一个数字信道使用时，传输速率为（　　）。

A. 1Mbps
B. 144Kbps
C. 128Kbps
D. 64Kbps

58. 以下关于 ATM 技术的描述中，错误的是（　　）。

A. 采用信元传输
B. 提供数据的差错恢复
C. 采用统计多路复用
D. 提供服务质量保证

59. 以下关于搜索引擎的说法，错误的是（　　）。

A. 检索器的功能是收集信息
B. 索引器的功能是理解搜索器所搜索的信息
C. 一个搜索引擎的有效性在很大程度上取决于索引的质量
D. 用户接口的作用是输入用户查询，显示查询结果

60. 下列属于宽带无线接入技术的是（　　）。

A. ADSL
B. HFC
C. GSM
D. Wi-Fi

二、填空题

1. 把高级语言源程序翻译成机器语言目标程序的工具有两种类型：解释程序和________程序。

2. 按照软件的授权方式，可分为商业软件、共享软件和________ 3 类。

3. 一条物理信道直接连接两个需要通信的数据设备，称为________信道。

4. 计算机网络拓扑主要是指________子网的拓扑结构，它对于网络性能、系统可靠性和通信费用来说都有着重大影响。

5. 网桥完成________层间的连接，可将两个或多个网段连接起来。

6. 交换式局域网从根本上改变了“共享介质”的工作方式，它可以通过支持交换机端口结点之间的多个________达到增加局域网宽带、改善局域网的性能与服务质量的目的。

7. OSI 参考模型中，网络层的主要功能有：________、拥塞控制和网络互联等。

8. TCP/IP 参考模型应用层协议中，用于实现互联网中电子邮件的传送功能的是________。

9. 如果网络系统中的每台计算机既是服务器，又是工作站，则称其为________。

10. Windows NT Server 以________为单位集中管理网络资源。

11. IP 数据报穿越因特网过程中有可能被分片。在 IP 数据报分片以后，通常由________负责 IP 数据报的重组。

12. DES 使用的密钥长度是________位。

13. IEEE802.11 的 MAC 层采用的是________冲突避免方法。

14. 网页内的图像与文本、表格等元素同时出现在主页中，这种图像称为________.

15. 目前常见的网络管理协议有________、公共管理信息服务/协议(CMIS/CMIP)和局域网个人管理协议(LMMP)等。

16. 常用的电子支付方式包括________、电子信用卡和电子支票。

17. 利用 IIS 建立在 NTFS 分区上的站点，限制用户访问站点资源的 4 种方法是：IP 地址限制、________、Web 权限和 NTFS 权限。

18. 常用的密钥分发技术有 CA 技术和________技术。

19. 网络管理中的五大功能分别是：________、故障管理、计费管理、性能管理和安全管理。

20. 根据利用信息技术的目的和信息技术的处理能力划分，电子政务的发展经历了面向数据处理、面向________处理和面向知识处理 3 个阶段。

第3套 笔试考试试题

一、选择题

1. 在流水线运行时，总是希望预取的指令恰好是处理器将要执行的指令。为避免流水线断流，奔腾处理器内置了一个(　　)。

A. 预取缓存器　　B. 转移目标缓存器

C. 指令译码器　　D. 数据总线控制器

2. 常用的局部总线是(　　)。

A. EISA　　B. PCI

C. VESA　　D. MCA

3. 系统的可靠性通常用 MTBF 和 MTTR 来表示，其中 MTTR 的意思是(　　)。

A. 每年故障发生的次数　　B. 每年故障修复时间

C. 平均无故障时间　　D. 平均故障修复时间

4. 下列关于芯片体系结构的叙述正确的是(　　)。

A. 超标量技术的特点是提高主频、细化流水　　B. 分支预测能动态预测程序分支的转移

C. 超流水线技术的特点是内置多条流水线　　D. 哈佛结构是把指令与数据混合存储

5. 资源子网的主要组成单元是(　　)。

A. 计算机硬件　　B. 主机

C. 服务器　　D. 信息资源

6. 计算机的数据传输具有“突发性”的特点，通信子网中的负荷极不稳定，随时可能产生通信子网暂时与局部的(　　)。

A. 进程同步错误现象　　B. 路由错误现象

C. 会话错误现象　　D. 拥塞现象

7. 在广域网中，T1 标准规定的速率是(　　)。

A. 4Kbps　　B. 1.544Mbps

C. 2.048Mbps　　D. 10Mbps

8. 分布式系统与计算机网络的主要区别不在它们的物理结构上，而是在(　　)。

A. 服务器软件　　B. 通信子网

C. 高层软件　　D. 路由器硬件

9. 下列说法不正确的是(　　)。

A. 局域网产品中使用的双绞线可以分为两类：屏蔽双绞线与非屏蔽双绞线

B. 从抗干扰性能的角度看，屏蔽双绞线与非屏蔽双绞线基本相同

C. 三类线可以用于语音及速率为 10Mbps 以下的数据传输

D. 五类线适用于速率为 100Mbps 的高速数据传输

10. 计算机网络拓扑通过网中结点与通信线路之间的几何关系来表示(　　)。

A. 网络层次　　B. 协议关系

C. 体系结构　　D. 网络结构

11. 在有随机热噪声的信道上计算数据传输速率时使用(　　)。

A. 奈奎斯特定理　　B. 香农定理

C. 两个都可以　　D. 两个都不可以

12. OSI 网络结构模型共分为七层，其中最底层是物理层，最高层是(　　)。

A. 会话层　　B. 传输层

C. 网络层　　D. 应用层

13. UDP 是一个(　　)传输协议。

A. 可靠的　　B. 面向连接的

C. 和 IP 协议并列的　　D. 不可靠并且无连接的

14. Token Bus 局域网中，当发送完所有待发送帧后，令牌持有结点(　　)。

A. 必须交出令牌

B. 可以继续保持令牌

C. 等到令牌持有最大时间到了再交出令牌

D. 看相邻下一结点是否要发送数据来决定是否交出令牌

15. 定义了 CSMA/CD 协议的 IEEE 标准是(　　)。

A. 802.3　　B. 802.11

C. 802.15　　D. 802.16

16. 按覆盖的地理范围进行分类，计算机网络可以分为三类，即(　　)。

A. 局域网、广域网和 X.25 网　　B. 局域网、广域网和宽带网

C. 局域网、广域网和 ATM 网　　D. 局域网、广域网和城域网

17. IP 路由器设计的重点是提高接收、处理和转发分组速度，其传统 IP 路由转发功能主要由(　　)。

A. 软件实现　　B. 硬件实现

C. 专用 ASIC 实现　　D. 操作系统实现

18. 数据链路层的互联设备是(　　)。

A. 中继器　　B. 网桥

C. 路由器　　D. 网关

19. 下列有关令牌总线网的说法中，正确的是(　　)。

A. 令牌帧中不含有地址

B. 令牌用来控制结点对总线的访问权

C. 网络延时不确定

D. 逻辑环中，令牌传递是从低地址传到高地址，再由最高地址传送到最低地址

20. 虚拟局域网通常采用交换机端口号、MAC 地址、网络层地址或(　　)。

A. 物理网段定义　　B. 操作系统定义

C. IP 广播组地址定义　　D. 网桥定义

21. 普通的集线器一般都提供两类端口，分别是(　　)。

A. RJ-45 端口和向上连接端口　　B. RJ-45 端口和 AUI 端口

C. RJ-45 端口和 BNC 端口　　D. RJ-45 端口和光纤连接端口

22. 无线局域网使用无线传输介质，采用的数据传输技术有(　　)。

I. 红外线局域网

II. 跳频无线局域网

III. 扩频无线局域网

IV. 窄带微波局域网

A. I、III 和 IV　　B. II、III 和 IV

C. III 和 IV　　D. I、II 和 III

23. 下列关于结构化网络布线系统的说法错误的是(　　)。

A. 是一座大楼或楼群中的传输线路

B. 结构化布线与传统布线系统最大的区别是设备的安装位置和传输介质的铺设位置有关

C. 结构化布线系统不包括各种交换设备

D. 只是将电话线路连接方法应用于网络布线中

24. IEEE 802.11 标准的 MAC 层采用(　　)的冲突避免方法。

A. CSMA/CA　　B. CSMA/CD

C. DCF　　D. 存储转发

25. 网络互联的功能可以分为两类，下列属于基本功能的是（　）。

A. 寻址与路由功能选择　　B. 协议转换

C. 分组长度变换　　D. 分组重新排序

26. 符合 FDDI 标准的环路最大长度为（　）。

A. 100m　　B. 1km

C. 10km　　D. 100km

27. 操作系统能找到磁盘上的文件，是因为有磁盘文件名与存储位置的记录。在 Windows 中，这个记录表称为（　）。

A. IP 路由表　　B. VFAT（虚拟文件表）

C. 端口/MAC 地址映射表　　D. 内存分配表

28. Windows NT 操作系统的版本不断变化，但从它的网络操作与系统应用角度来看，有两个概念是始终不变的，那就是（　）。

A. 工作组模型与域模型　　B. 工作组模型和服务器模型

C. TCP/IP 模型　　D. 输入管理模型和输出管理模型

29. NetWare 提供了四级安全保密机制：注册安全、用户信任者权限、最大信任者屏蔽和（　）。

A. UPS 监控　　B. 磁盘镜像

C. 文件备份　　D. 目录与文件属性

30. 关于 UNIX 操作系统，以下哪种说法是错误的（　）。

A. UNIX 系统分为系统内核和核外程序两部分

B. UNIX 采用进程对换的内存管理机制和请求调页的存储管理方式

C. UNIX 提供了功能强大的 Shell 编程语言

D. UNIX 的树形结构文件系统有良好的安全性和可维护性

31. 下列选项中，IP 地址有效的是（　）。

A. 192.128.1.256　　B. 138.192.260.125

C. 268.110.125.3　　D. 192.192.100.192

32. 关于因特网的主要组成部分，下列说法正确的是（　）。

A. 通信线路主要有两类：数字线路和模拟线路

B. 通信线路带宽越高，传输速率越高，传输速度越快

C. 网关是网络与网络之间的桥梁

D. 接入因特网的服务器和客户机统称为主机，其中服务器是因特网服务和信息资源的提供者，客户机则是这种服务和资源的使用者

33. 下列关于 C 类 IP 地址的说法正确的是（　）。

A. 此类 IP 地址用于广播地址发送

B. 此类 IP 地址保留为今后使用

C. 可用于中型规模的网络

D. 在一个网络中理论上最多可连接 256 台设备

34. 在 WWW 服务中，用户的信息检索可以从一台 Web Server 自动搜索到另一台 Web Server，它所使用的技术是（　）。

A. HyperLink　　B. HyperText

C. HyperMedia　　D. HTML

35. 在使用子网编址的网络中，路由表要包含的信息是（　）。

A. 子网掩码

B. 源主机的 IP 地址

C. 数据报已经经过的历史路由器 IP 的地址

D. 到目的网络路径上的所有路由器的 IP 地址

36. 关于 TCP 协议和 UDP 协议的区别，下列说法正确的是（　　）。

A. UDP 是比 TCP 更高级的协议，比 TCP 更为可靠

B. UDP 是 TCP 的简化版本

C. TCP 在转发分组时是按序进行的，而 UDP 是不管分组的顺序的

D. 目前 UDP 的传输开销比 TCP 大

37. 域名服务使用的是（　　）。

A. SMTP　　B. FTP

C. DNS　　D. Telnet

38. 远程登录之所以能允许任意类型的计算机之间进行通信，是因为（　　）。

A. 远程计算机和用户计算机的操作系统是兼容的

B. 用户计算机只是作为一台仿真终端向远程计算机传送击键命令信息和显示命令执行结果，而所有的运行都是在远程计算机上完成的

C. Telnet 采用的是对等网络模式

D. 在远程计算机上，用户计算机拥有自己的账号或该远程计算机提供公开的用户账号

39. 在利用电话线路拨号上网时，电话线路中传送的是（　　）。

A. 二进制信号

B. 从用户计算机传出的是数字信号，从 ISP 的 RAS 传回用户计算机的是模拟信号

C. 模拟信号

D. 数字信号

40. WWW 是因特网增长最快的一种网络信息服务，下列选项中，不是 WWW 服务的特点的是（　　）。

A. 以页面交换方式来组织网络多媒体信息　　B. 网点之间可以相互链接

C. 可以提供生动的图形用户界面　　D. 可以访问图像、音频和文本信息等

41. 下列关于欧洲安全准则的说法中，正确的是（　　）。

A. 欧洲安全准则包括 4 个级别

B. 欧洲安全准则中，E0 级等级最高

C. E1 级必须对详细的设计有非形式化的描述

D. E5 级在详细的设计和源代码或硬件设计图之间有紧密的对应关系

42. 用户从 CA 安全认证中心申请自己的证书，并将该证书装入浏览器的主要目的是（　　）。

A. 避免他人假冒自己　　B. 验证 WEB 服务器的真实性

C. 保护自己的计算机免受病毒的危害　　D. 防止第三方偷看传输的信息

43. 计算机病毒是（　　）。

A. 一种专门侵蚀硬盘的霉菌

B. 一种操作系统程序的 Bug

C. 能够通过修改其他程序而“感染”它们的一种程序

D. 一类具有破坏系统完整性的文件

44. 针对某种特定网络服务的攻击，这种攻击方式称为（　　）。

A. 被动攻击　　B. 非服务攻击

C. 威胁攻击　　D. 服务攻击

45. 下列运算中不是 IDEA 所主要采用的是（　　）。

A. 同或　　B. 异或

C. 模加　　D. 模乘

46. 以下不属于主动攻击的是（　　）。

A. 通信量分析　　B. 重放

C. 假冒　　D. 拒绝服务

47. 在公钥密码体制中，用于加密的密钥为(　　)。

A. 公钥　　B. 私钥

C. 公钥与私钥　　D. 公钥或私钥

48. 从信源向信宿流动过程中，信息被插入一些欺骗性的消息，这种攻击属于(　　)。

A. 中断攻击　　B. 截取攻击

C. 捏造攻击　　D. 修改攻击

49. 下列关于结点加密方式的说法，正确的是(　　)。

A. 在结点内可以出现明文

B. 各结点的密钥必须互不相同

C. 传输过程中，每个结点将收到的密文加密后再传出

D. 传输过程中，每个结点将收到的密文先解密再加密然后传出

50. 我们领取汇款时需要加盖取款人的图章，在身份认证中，图章属于(　　)。

A. 数字签名　　B. 个人识别码

C. 个人特征　　D. 个人持证

51. 在网络管理的五个功能中，确定设备的地理位置、名称，记录并维护设备参数表的功能属于(　　)。

A. 配置管理　　B. 性能管理

C. 故障管理　　D. 计费管理

52. 目前，广泛使用的电子邮件安全方案是 PGP 和(　　)。

A. S/MIME　　B. MIME

C. TCP　　D. IPSec

53. (　　)不是实现防火墙的主流技术。

A. 包过滤技术　　B. 应用级网关技术

C. 代理服务器技术　　D. NAT 技术

54. 提供对访问用户物理接入安全控制的是统一安全电子政务平台中的(　　)。

A. 交换平台　　B. 接入平台

C. 可信的 WEB 服务平台　　D. 安全机制

55. (　　)是 IPTV 大规模应用的重要技术保障。

A. 媒体内容分发技术　　B. IPTV 视频压缩技术

C. IPTV 运营支撑管理系统　　D. 数字版权管理技术

56. 电子商务安全要求的四个方面是(　　)。

A. 传输的高效性、数据的完整性、交易各方的身份认证和交易的不可抵赖性

B. 存储的安全性、传输的高效性、数据的完整性和交易各方的身份认证

C. 传输的安全性、数据的完整性、交易各方的身份认证和交易的不可抵赖性

D. 存储的安全性、传输的高效性、数据的完整性和交易的不可抵赖性

57. 关于数字证书，以下说法错误的是(　　)。

A. 数字证书包含有证书拥有者的基本信息　　B. 数字证书包含有证书拥有者的公钥信息

C. 数字证书包含有证书拥有者的私钥信息　　D. 数字证书包含有 CA 的签名信息

58. 关于 ADSL，以下说法错误的是(　　)。

A. 可以充分利用现有电话线路提供数字接入　　B. 上行和下行速率可以不同

C. 利用分离器实现语音信号和数字信号分离　　D. 使用四对线路进行信号传输

59. B-ISDN 的业务分为交互型业务和发布型业务，属于发布型业务的是(　　)。

A. 会议电视　　B. 电子邮件

C. 档案信息检索　　D. 电视广播业务

60. SDH 的帧结构包括三部分，其中哪一项不属于这三部分(　　)。

A. 段开销区域　　B. 头区域

C. 管理单元指针区域　　　　D. 净负荷区域

二、填空题

1. 磁头沿着盘径移动到需要读写的那个磁道所花费的平均时间是指________。
2. 传统文本都是线性的、顺序的，而超文本则是________。
3. 计算机网络层次结构模型和各层协议的集合叫做计算机网络________。
4. 通信控制处理机在网络拓扑结构中被称为________。
5. 在香农定理的公式中，与信道的最大传输速率相关的参数主要有信道带宽与________。
6. 交换式局域网可以通过交换机端口之间的并发连接增加局域网的________。
7. 路由选择是在 OSI 参考模型的________层实现的。
8. UNIX 提供了功能强大的可编程语言________。
9. NetWare 文件系统所有的目录与文件都建立在________硬盘上。
10. bbs. pku. edu. cn 的二级域名是________。
11. 有一种域名解析方式，它要求名字服务器系统一次性完成全部名字-地址变换，这种解析方式叫做________。
12. ________是网络之间相互连接的桥梁。
13. 在 IP 数据报穿越因特网过程中被分片以后，通常由________负责 IP 数据报的重组。
14. 路由器可以包含一个特殊路由。如果没有发现到达某一特定网络或特定主机的路由，那么它在转发数据报时使用的路由称为________路由。
15. 浏览器通常由一系列的用户单元、一系列的解释单元和一个________单元组成。
16. ________决定了明文到密文的映射。
17. 认证的主要目的有两个：信源识别和________。
18. ADSL 技术通常使用________对双绞线进行信息传输。
19. 电子政务需要先进可靠的________保障，这是所有电子政务系统都必须要妥善解决的一个关键性问题。
20. P2P 网络存在集中式、________、分布式结构化和混合式结构化 4 种主要结构类型。

第4套 笔试考试试题

一、选择题

1.我国长城台式机通过国家电子计算机质量监督检测中心的测试，其平均无故障时间突破12万小时的大关。请问平均无故障时间的缩写是(　　)。

A. MTBF　　B. MTFB

C. MFBT　　D. MTTR

2.ACSII码中的每个字符都能用二进制数表示，如A表示为01000001，B表示为01000010，那么字符F可表示为(　　)。

A. 01000011　　B. 01000111

C. 01000101　　D. 01000110

3.关于奔腾处理器体系结构的描述中，正确的是(　　)。

A.哈佛结构是把指令和数据进行混合存储

B.超标量技术的特点是提高主频、细化流水

C.单纯依靠提高主频比较困难，转向多核技术

D.超流水线技术的特点是设置多条流水线，同时执行多个处理

4.关于主板的描述中，错误的是(　　)。

A.按芯片集分类有奔腾主板、AMD主板　　B.按主板的规格分类有AT主板、ATX主板

C.按CPU插座分类有Slot主板、Socket主板　　D.按数据端口分类有SCSI主板、EDO主板

5.关于局部总线的描述中，正确的是(　　)。

A. VESA的含义是外围部件接口　　B. PCI的含义是个人电脑接口

C. VESA是英特尔公司的标准　　D. PCI比VESA有明显的优势

6.关于应用软件的描述中，错误的是(　　)。

A. Access是数据库软件　　B. PowerPoint是演示软件

C. Outlook是浏览器软件　　D. Excel是电子表格软件

7.关于Internet网络结构特点的描述中，错误的是(　　)。

A.局域网、城域网与广域网的数据链路层协议必须是相同的

B.局域网、城域网与广域网之间是通过路由器实现互联的

C.目前大量的微型计算机是通过局域网连入城域网的

D. Internet是一种大型的互联网

8.计算机网络拓扑主要是指(　　)。

A.主机之间连接的结构　　B.通信子网结点之间连接的结构

C.通信线路之间连接的结构　　D.资源子网结点之间连接的结构

9.IEEE 802.3ae的标准速率为10Gbps，那么发送1个比特需要用(　　)。

A. 1×10^{-6}s　　B. 1×10^{-8}s

C. 1×10^{-10}s　　D. 1×10^{-12}s

10.OSI将整个通信功能划分为7个层次，划分层次的原则是(　　)。

Ⅰ.网中各结点都有相同的层次

Ⅱ.不同结点的同等层具有相同的功能

Ⅲ.同一结点内相邻层之间通过接口通信

Ⅳ.每一层使用高层提供的服务，并向其下层提供服务

A. Ⅰ、Ⅱ与Ⅳ　　B. Ⅰ、Ⅱ与Ⅲ

C. Ⅱ、Ⅲ与Ⅳ　　D. Ⅰ、Ⅲ与Ⅳ

11. 网络层主要任务是为分组通过通信子网选择适当的(　　)。

A. 传输路径　　B. 传输协议

C. 传送速率　　D. 目的结点

12. TCP/IP 参考模型可以分为 4 个层次:应用层、传输层、互联层与(　　)。

A. 网络层　　B. 主机-网络层

C. 物理层　　D. 数据链路层

13. 传输层的主要任务是向高层屏蔽下层数据通信的细节,向用户提供可靠的(　　)。

A. 点到点服务　　B. 端到端服务

C. 结点到结点服务　　D. 子网到子网服务

14. 关于光纤特性的描述中,错误的是(　　)。

A. 光纤是网络中性能最好的一种传输介质　　B. 多条光纤可以构成一条光缆

C. 光纤通过全反射传输经过编码的光载波信号　　D. 光载波调制方法主要采用 ASK 和 PSK 两种

15. HTTP 采用的熟知 TCP 端口是(　　)。

A. 20　　B. 21

C. 80　　D. 110

16. 关于 FTP 和 TFTP 的描述中,正确的是(　　)。

A. FTP 和 TFTP 都使用 TCP　　B. FTP 使用 UDP,TFTP 使用 TCP

C. FTP 和 TFTP 都使用 UDP　　D. FTP 使用 TCP,TFTP 使用 UDP

17. 下列哪个协议不属于应用层协议?(　　)

A. Telnet　　B. ARP

C. HTTP　　D. NFS

18. 为了使传输介质和信号编码方式的变化不影响 MAC 子层,100BASE-T 标准采用了(　　)。

A. MII　　B. GMII

C. LLC　　D. IGP

19. 如果 Ethernet 交换机有 4 个 100Mbps 全双工端口和 20 个 10Mbps 半双工端口,那么这个交换机的总带宽最高可以达到(　　)。

A. 600Mbps　　B. 1000Mbps

C. 1200Mbps　　D. 1600Mbps

20. 1000BASE-T 标准使用 5m 非屏蔽双绞线,双绞线长度最长可以达到(　　)。

A. 25m　　B. 50m

C. 100m　　D. 250m

21. 如果需要组建一个办公室局域网,其中有 14 台个人计算机和两台服务器,并且要与公司的局域网交换机连接,那么性价比最高的连接设备是(　　)。

A. 16 端口 10Mbps 交换机

B. 16 端口 100Mbps 交换机

C. 24 端口 10Mbps 交换机

D. 24 端口交换机,其中 20 个 10Mbps 端口,4 个 10/100Mbps 端口

22. 关于 VLAN 特点的描述中,错误的是(　　)。

A. VLAN 建立在局域网交换技术的基础之上

B. VLAN 以软件方式实现逻辑工作组的划分与管理

C. 同一逻辑工作组的成员需要连接在同一个物理网段上

D. 通过软件设定可以将一个结点从一个工作组转移到另一个工作组

23. 适用于非屏蔽双绞线的 Ethernet 网卡应提供(　　)。

A. BNC 接口　　B. F/O 接口

C. RJ-45 接口　　D. AUI 接口

24. 建筑物综合布线系统的传输介质主要采用(　　)。

Ⅰ. 非屏蔽双绞线　Ⅱ. CATV 电缆　Ⅲ. 光纤　Ⅳ. 屏蔽双绞线

A. Ⅰ、Ⅱ　　B. Ⅰ、Ⅲ

C. Ⅱ、Ⅲ　　D. Ⅲ、Ⅳ

25. 802.11a 不支持的传输速率为(　　)。

A. 5.5Mbps　　B. 11Mbps

C. 54Mbps　　D. 100Mbps

26. 关于操作系统文件 I/O 的描述中,错误的是(　　)。

A. DOS 通过 FAT 管理磁盘文件　　B. Windows 可以通过 VFAT 管理磁盘文件

C. NTFS 是 NT 具有可恢复性的文件系统　　D. HPFS 是 HP 具有安全保护的文件系统

27. 关于网络操作系统的描述中,正确的是(　　)。

A. 屏蔽本地资源和网络资源之间的差异　　B. 必须提供目录服务

C. 比单机操作系统有更高的安全性　　D. 客户机和服务器端的软件可以互换

28. 关于 Windows 2000 的描述中,错误的是(　　)。

A. 活动目录服务具有可扩展性和可调整性　　B. 基本管理单位是域,其中还可以划分逻辑单元

C. 域控制器之间采用主从结构　　D. 域之间通过认证可以传递信任关系

29. 关于 NetWare 容错系统的描述中,正确的是(　　)。

A. 提供系统容错、事务跟踪以及 UPS 监控功能　　B. 一级系统容错采用了文件服务器镜像功能

C. 二级系统容错采用了硬盘表面磁介质冗余功能　　D. 三级系统容错采用了硬盘通道镜像功能

30. 关于 Linux 的描述中,错误的是(　　)。

A. 它是开放源代码并自由传播的网络操作系统　　B. 提供对 TCP/IP 的完全支持

C. 目前还不支持非 x86 硬件平台　　D. 提供强大的应用开发环境

31. 关于 UNIX 的描述中,正确的是(　　)。

A. 它于 1969 年在伯克利大学实验室问世　　B. 它由汇编语言编写

C. 它提供功能强大的 Shell 编程语言　　D. 它的文件系统是网状结构,有良好的安全性

32. Internet 中有一种非常重要的设备,它是网络与网络之间连接的桥梁。这种设备是(　　)。

A. 服务器　　B. 客户机

C. 防火墙　　D. 路由器

33. 关于 IP 协议的描述中,错误的是(　　)。

A. IP 协议提供尽力而为的数据报投递服务　　B. IP 协议提供可靠的数据传输服务

C. IP 协议是一种面向无连接的传输协议　　D. IP 协议用于屏蔽各个物理网络的差异

34. IP 地址 255.255.255.255 被称为(　　)。

A. 直接广播地址　　B. 有限广播地址

C. 本地地址　　D. 回送地址

35. 下图所示的网络中,路由器 S"路由表"中到达网络 10.0.0.0 表项的下一路由器地址应该是(　　)。

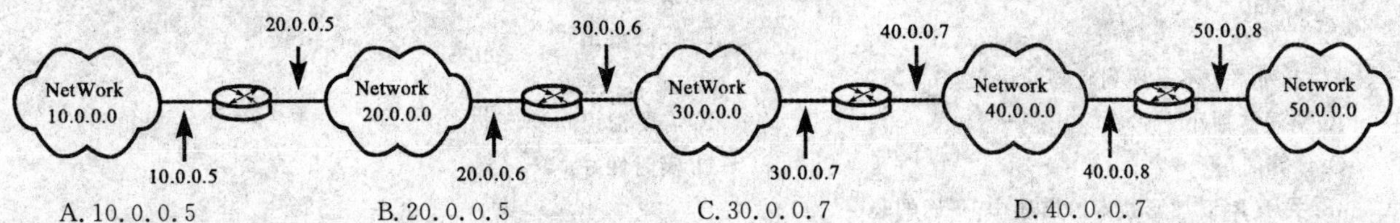

A. 10.0.0.5　　B. 20.0.0.5　　C. 30.0.0.7　　D. 40.0.0.7

36. 关于 Internet 域名服务的描述中,错误的是(　　)。

A. 域名解析通常从根域名服务器开始

B. 域名服务器之间构成一定的层次结构关系

C. 域名解析借助于一组既独立又协作的域名服务器完成

D. 域名解析有反复解析和递归解析两种方式

37. 电子邮件服务器之间相互传递邮件通常使用的协议为(　　)。

A. POP3　　B. SMTP

C. FTP　　D. SNMP

38. 关于远程登录服务的描述中,正确的是(　　)。

A. 客户端需要实现 NVT,服务器端不需要实现 NVT

B. 服务器端需要实现 NVT,客户端不需要实现 NVT

C. 客户端和服务器端都需要实现 NVT

D. 客户端和服务器端都不需要实现 NVT

39. 关于 HTML 的描述中,错误的是(　　)。

A. HTML 可以包含指向其他文档的链接项

B. HTML 可以将声音、图像、视频等文件压缩在一个文件中

C. HTML 是 Internet 上的通用信息描述方式

D. 符合 HTML 规范的文件一般具有.htm 和.html 的扩展名

40. 在 WWW 服务中,浏览器为了验证服务器的真实性需要采取的措施是(　　)。

A. 浏览器在通信开始时要求服务器发送 CA 数字证书

B. 浏览器在通信开始之前安装自己的 CA 数字证书

C. 浏览器将要访问的服务器放入自己的可信站点区域

D. 浏览器将要访问的服务器放入自己的受限站点区域

41. 如果用户希望将一台计算机通过电话网接入 Internet,那么他必须使用的设备为(　　)。

A. 调制解调器　　B. 集线器

C. 交换机　　D. 中继器

42. 下列哪个地址不是有效的 IP 地址?(　　)

A. 193.254.8.1　　B. 193.8.1.2

C. 193.1.25.8　　D. 193.1.8.257

43. 关于网络性能管理的描述中,错误的是(　　)。

A. 收集网络性能参数　　B. 分析性能数据

C. 产生费用报告　　D. 调整工作参数

44. 电信管理网中主要使用的协议是(　　)。

A. SNMP　　B. RMON

C. CMIS/CMIP　　D. LMMP

45. 计算机系统具有不同的安全级别,其中 Windows 98 的安全等级是(　　)。

A. B1　　B. C1

C. C2　　D. D1

46. 从信源向信宿流动过程中,信息被插入一些欺骗性的消息,这种攻击属于(　　)。

A. 中断攻击　　B. 截取攻击

C. 重放攻击　　D. 修改攻击

47. 下列哪个不是序列密码的优点?(　　)

A. 错误传播小　　B. 需要密钥同步

C. 计算简单　　D. 实时性好

48. 关于 RC5 加密技术的描述中,正确的是(　　)。

A. 它属于非对称加密　　B. 它的分组长度固定

C. 它的密钥长度可变　　D. 它是在 DES 基础上开发的

49. 下列加密算法中,基于离散对数问题的是(　　)。

A. RSA　　B. DES

C. RC4　　D. Elgamal

50. 关于密钥分发技术的描述中,正确的是(　　)。

A. CA 只能分发公钥　　B. KDC 可以分发会话密钥

C. CA 只能分发私钥　　D. KDC 分发的密钥长期有效

51. MD5 是一种常用的摘要算法,它产生的消息摘要长度是(　　)。

A. 56 位　　B. 64 位

C. 128 位　　D. 256 位

52. 关于防火墙技术的描述中,正确的是(　　)。

A. 防火墙不能支持网络地址转换　　B. 防火墙可以布置在企业内部网和 Internet 之间

C. 防火墙可以查、杀各种病毒　　D. 防火墙可以过滤各种垃圾邮件

53. 在电子商务中,参与双方为了确认对方身份需要使用(　　)。

A. CA 安全认证系统　　B. 支付网关系统

C. 业务应用系统　　D. 用户及终端系统

54. 关于 EDI 的描述中,错误的是(　　)。

A. EDI 可以实现两个或多个计算机应用系统之间的通信

B. EDI 应用系统之间传输的信息要遵循一定的语法规则

C. EDI 应用系统之间数据自动地投递和处理

D. EDI 是电子数据处理 EDP 的基础

55. 在电子商务中,SET 协议支持的网上支付方式是(　　)。

A. 电子现金　　B. 数字现金

C. 电子信用卡　　D. 电子支票

56. 电子政务发展的 3 个阶段是(　　)。

A. 面向对象、面向信息、面向知识　　B. 面向数据、面向信息、面向知识

C. 面向数据、面向对象、面向知识　　D. 面向数据、面向信息、面向对象

57. 在电子政务分层逻辑模型中,为电子政务系统提供信息传输和交换平台的是(　　)。

A. 网络基础设施子层　　B. 统一的电子政务平台层

C. 信息安全设施子层　　D. 电子政务应用层

58. B-ISDN 的业务分为交互型业务和发布型业务,属于发布型业务的是(　　)。

A. 会议电视　　B. 电子邮件

C. 档案信息检索　　D. 电视广播业务

59. 关于 ADSL 技术的描述中,正确的是(　　)。

A. 用户端和局端都需要分离器　　B. 仅用户端需要分离器

C. 两端都不需要分离器　　D. 仅局端需要分离器

60. 下列哪个不是第 3 代移动通信系统(3G)的国际标准?(　　)

A. WCDMA　　B. GPRS

C. CDMA 2000　　D. TD-SCDMA

二、填空题

1. 每秒执行一百万条浮点指令的速度单位的英文缩写是________。

2. JPEG 是一种适合连续色调、多级灰度、彩色或单色、________图像的压缩标准。

3. 计算机网络采用了多种通信介质,如电话线、双绞线、同轴电缆、光纤和________通信信道。

4. 计算机的数据传输具有突发性特点,通信子网中的负荷极不稳定,可能带来通信子网暂时与局部的________现象。

5. OSI 参考模型定义了开放系统的层次结构、层次之间的相互关系及各层的________功能。

6. 在 TCP/IP 中,传输层的________是一种面向连接的协议,它能够提供可靠的数据报传输。

7. MPLS 技术的核心是________交换。

8. 第三层交换机是一种用________实现的高速路由器。

9. 如果系统的物理内存不能满足应用程序的需要,那么就需要使用________内存。

10. Sun 公司的 Solaris 是在________操作系统的基础上发展起来的。

11. 在 WWW 服务中，用户可以通过使用________指定要访问的协议类型、主机名和路径及文件名。

12. 将 IP 地址 4 个字节的二进制数分别转换成 4 个十进制数，这 4 个十进制数之间用“.”隔开，这种 IP 地址表示法被称为________表示法。

13. 一台路由器的路由表如下所示。该路由器在接收到目的地址为 130.3.25.8 的数据报时，它应该将该数据报投递到________。

要到达的网络	下一路由器
130.1.0.0	202.113.28.9
133.3.0.0	203.16.23.8
130.3.0.0	204.25.62.79
193.3.25.0	205.35.8.26

14. 网络管理的一个重要功能是性能管理。性能管理包括监视和________两大功能。

15. 网络安全的基本目标是实现信息的机密性、合法性、完整性和________。

16. 通信量分析攻击可以确定通信的位置和通信主机的身份，还可以观察交换信息的频度和长度。这类安全攻击属于________攻击。

17. 在端到端加密方式中，由发送方加密的数据，到达________才被解密。

18. 在电子商务业务应用系统中，________端运行的支付软件被称为电子柜员机软件。

19. 通过网络提供一个有统一入口的服务平台，用户通过访问统一的门户站点，即可得到全程服务，这在电子政务中被称为________电子政务服务。

20. SDH 网的主要网络单元有终端复用器、数字交叉连接设备和________。

第5套 笔试考试试题

一、选择题

1. 2008年北京奥运会有许多赞助商，其中有12家全球合作伙伴，下列哪个IT厂商不是奥委会的全球合作伙伴？（　　）。

A. 微软　　B. 三星

C. 联想　　D. 松下

2. 在扩展的ASCII码中，每个数字都能用二进制数表示，例如1表示为00110001，2表示为00110010，那么2008可表示为（　　）。

A. 00110010 00000000 00000000 00110111　　B. 00110010 00000000 00000000 00111000

C. 00110010 00110000 00110000 00110111　　D. 00110010 00110000 00110000 00111000

3. 关于主板的描述中，正确的是（　　）。

A. 按CPU芯片分类有奔腾主板、AMD主板　　B. 按主板的规格分类有SCSI主板、EDO主板

C. 按CPU插座分类有AT主板、ATX主板　　D. 按数据端口分类有Slot主板、Socket主板

4. 关于奔腾处理器体系结构的描述中，错误的是（　　）。

A. 分支目标缓存器用来动态预测程序分支转移情况

B. 超流水线的特点是设置多条流水线同时执行多个处理

C. 哈佛结构是把指令和数据分别进行存储

D. 现在已经由单纯依靠提高主频转向多核技术

5. 关于多媒体技术的描述中，正确的是（　　）。

A. 多媒体信息一般需要压缩处理　　B. 多媒体信息的传输需要2Mbps以上的带宽

C. 对静态图像采用MPEG压缩标准　　D. 对动态图像采用JPEG压缩标准

6. 关于软件开发的描述中，错误的是（　　）。

A. 文档是软件开发、使用和维护中不可或缺的资料

B. 软件生命周期包括计划、开发、运行3个阶段

C. 开发初期进行需求分析、总体设计、详细设计

D. 开发后期选定编程语言进行编码

7. 在广域网中，数据分组从源结点传送到目的结点的过程需要进行路由选择与（　　）。

A. 数据加密　　B. 地址编码

C. 分组转发　　D. 用户控制

8. 如果数据传输速率为10Gbps，那么发送10bit需要用（　　）。

A. 1×10^{-8}s　　B. 1×10^{-9}s

C. 1×10^{12}s　　D. 1×10^{15}s

9. 网络协议的三要素是语法、语义与时序，语法是关于（　　）。

A. 用户数据与控制信息的结构和格式的规定

B. 需要发出何种控制信息，以及完成的动作与做出的响应的规定

C. 事件实现顺序的详细说明

D. 接口原语的规定

10. 关于OSI参考模型层次划分原则的描述中，错误的是（　　）。

A. 各结点都有相同的层次

B. 不同结点的同等层具有相同的功能

C. 高层使用低层提供的服务

D. 同一结点内相邻层之间通过对等协议实现通信

11. TCP/IP 参考模型的主机-网络层与 OSI 参考模型的哪一层(或几层)对应?(　　)。

A. 传输层　　B. 网络层与数据链路层

C. 网络层　　D. 数据链路层与物理层

12. 传输层的主要功能是实现源主机与目的主机对等实体之间的(　　)。

A. 点到点连接　　B. 端到端连接

C. 物理连接　　D. 网络连接

13. 实现从主机名到 IP 地址映射服务的协议是(　　)。

A. ARP　　B. DNS

C. RIP　　D. SMTP

14. 如果不进行数据压缩,直接将分辨率为 640×480 像素的彩色图像(每像素用 24bit 表示),以每秒 25 帧显示,那么它需要占用的通信带宽约为(　　)。

A. 46Mbps　　B. 92Mbps

C. 184Mbps　　D. 368Mbps

15. 网络层的主要任务是提供(　　)。

A. 进程通信服务　　B. 端到端连接服务

C. 路径选择服务　　D. 物理连接服务

16. 关于 QoS 协议特点的描述中,错误的是(　　)。

A. RSVP 根据需求在各个交换结点预留资源

B. DiffServ 根据 IP 分组头的服务级别进行标识

C. MPLS 标记是一个用于数据分组交换的转发标识符

D. IP 协议中增加 CDMA 多播协议可以支持多媒体网络应用

17. 10Gbps Ethernet 的应用范围能够从局域网扩展到广域网是因为其物理层采用了(　　)。

A. 同轴电缆传输技术　　B. 光纤传输技术

C. 红外传输技术　　D. 微波传输技术

18. 局域网参考模型将对应于 OSI 参考模型的数据链路层划分为 MAC 子层与(　　)。

A. LLC 子层　　B. PMD 子层

C. 接入子层　　D. 汇聚子层

19. Ethernet 物理地址长度为 48 位,允许分配的物理地址应该有(　　)。

A. 2^{45} 个　　B. 2^{46} 个

C. 2^{47} 个　　D. 2^{48} 个

20. 关于 100BASE-T 介质独立接口 MII 的描述中,正确的是(　　)。

A. MII 使传输介质的变化不影响 MAC 子层

B. MII 使路由器的变化不影响 MAC 子层

C. MII 使 LLC 子层编码的变化不影响 MAC 子层

D. MII 使 IP 地址的变化不影响 MAC 子层

21. 10Gbps Ethernet 工作在(　　)。

A. 单工方式　　B. 半双工方式

C. 全双工方式　　D. 自动协商方式

22. 局域网交换机的帧交换需要查询(　　)。

A. 端口号/MAC 地址映射表　　B. 端口号/IP 地址映射表

C. 端口号/介质类型映射表　　D. 端口号/套接字映射表

23. 关于 Ethernet 网卡分类方法的描述中,错误的是(　　)。

A. 可按支持的主机总线类型分类　　B. 可按支持的传输速率分类

C. 可按支持的传输介质类型分类　　D. 可按支持的帧长度分类

24. 一种 Ethernet 交换机具有 48 个 10/100Mbps 的全双工端口与两个 1000Mbps 的全双工端口，其总带宽最大可以达到(　　)。

A. 1.36Gbps　　B. 2.72Gbps
C. 13.6Gbps　　D. 27.2Gbps

25. 在建筑物综合布线系统中，主要采用的传输介质是非屏蔽双绞线与(　　)。

A. 屏蔽双绞线　　B. 光纤
C. 同轴电缆　　D. 无线设备

26. 关于 Windows 的描述中，错误的是(　　)。

A. 它是多任务操作系统　　B. 内核有分时器
C. 可使用多种文件系统　　D. 不需要采用扩展内存技术

27. 关于网络操作系统的描述中，正确的是(　　)。

A. 经历了由非对等结构向对等结构的演变
B. 对等结构中各用户地位平等
C. 对等结构中用户之间不能直接通信
D. 对等结构中客户端和服务器端的软件都可以互换

28. 关于 Windows 活动目录服务的描述中，错误的是(　　)。

A. 活动目录存储了有关网络对象的信息
B. 活动目录服务把域划分为组织单元
C. 组织单元不再划分上级组织单元与下级组织单元
D. 活动目录服务具有可扩展性和可调整性

29. 关于 NetWare 网络安全的描述中，错误的是(　　)。

A. 提供了 3 级安全保密机制
B. 限制非授权用户注册网络
C. 保护应用程序不被复制、删除、修改或窃取
D. 防止用户因误操作而删除或修改重要文件

30. 关于 Linux 的描述中，错误的是(　　)。

A. 初衷是使普通 PC 能运行 UNIX　　B. Linux 是 UNIX 的一个变种
C. Linux 支持 Intel 硬件平台　　D. Linux 支持 C++编程语言

31. 关于 UNIX 版本的描述中，错误的是(　　)。

A. IBM 的 UNIX 是 Xenix　　B. SUN 的 UNIX 是 Solaris
C. 伯克利的 UNIX 是 Unix BSD　　D. HP 的 UNIX 是 HP-UX

32. 关于 TCP/IP 特点的描述中，错误的是(　　)。

A. IP 提供尽力而为的服务　　B. TCP 是面向连接的传输协议
C. UDP 是可靠的传输协议　　D. TCP/IP 可用于多种操作系统

33. 在 TCP/IP 互联网络中，为数据报选择最佳路径的设备是(　　)。

A. 集线器　　B. 路由器
C. 服务器　　D. 客户机

34. 主机的 IP 地址为 202.130.82.97，子网掩码为 255.255.192.0，它所处的网络为(　　)。

A. 202.64.0.0　　B. 202.130.0.0
C. 202.130.64.0　　D. 202.130.82.0

35. 在 TCP/IP 互联网络中，转发路由器对 IP 数据报进行分片的主要目的是(　　)。

A. 提高路由器的转发效率
B. 增加数据报的传输可靠性
C. 使目的主机对数据报的处理更加简单
D. 保证数据报不超过物理网络能传输的最大报文长度

36. 路由表通常包含许多(N,R)对序偶,其中N通常是目的网络的IP地址,R是(　　)。

A. 到N路径上下一个路由器的IP地址
B. 到N路径上所有路由器的IP地址
C. 到N路径上下一个网络的网络地址
D. 到N路径上所有网络的网络地址

37. 因特网域名中很多名字含有".com",它表示(　　)。

A. 教育机构
B. 商业组织
C. 政府部门
D. 国际组织

38. 用户已知的3个域名服务器的IP地址和名字分别为202.130.82.97,dns.abc.edu;130.25.98.3,dns.abc.com;195.100.28.7,dns.abc.net,用户可以将其计算机的域名服务器设置为(　　)。

A. dns.abc.edu
B. dns.abc.com
C. dns.abc.net
D. 195.100.28.7

39. 将邮件从邮件服务器下载到本地主机的协议为(　　)。

A. SMTP和FTP
B. SMTP和POP3
C. POP3和IMAP
D. IMAP和FTP

40. 为了屏蔽不同计算机系统对键盘输入解释的差异,Telnet引入了(　　)。

A. NVT
B. VPN
C. VLAN
D. VPI

41. 关于因特网中主机名和IP地址的描述中,正确的是(　　)。

A. 一台主机只能有一个IP地址
B. 一个合法的外部IP地址在一个时刻只能分配给一台主机
C. 一台主机只能有一个主机名
D. IP地址与主机名是一一对应的

42. 为了防止第三方偷看或篡改用户与Web服务器交互的信息,可以采用(　　)。

A. 在客户端加载数字证书
B. 将服务器的IP地址放入可信站点区
C. SSL技术
D. 将服务器的IP地址放入受限站点区

43. 关于网络配置管理的描述中,错误的是(　　)。

A. 可以识别网络中各种设备
B. 可以设置设备参数
C. 设备清单对用户公开
D. 可以启动和关闭网络设备

44. SNMP协议处于OSI参考模型的(　　)。

A. 网络层
B. 传输层
C. 会话层
D. 应用层

45. 计算机系统具有不同的安全等级,其中Windows NT的安全等级是(　　)。

A. B1
B. C1
C. C2
D. D1

46. 凯撒密码是一种置换密码,对其破译的最多尝试次数是(　　)。

A. 2次
B. 13次
C. 25次
D. 26次

47. 关于RC5加密算法的描述中,正确的是(　　)。

A. 分组长度固定
B. 密钥长度固定
C. 分组和密钥长度都固定
D. 分组和密钥长度都可变

48. 在认证过程中,如果明文由A发送到B,那么对明文进行签名的密钥为(　　)。

A. A的公钥
B. A的私钥
C. B的公钥
D. B的私钥

49. 公钥体制RSA是基于(　　)。

A. 背包算法
B. 离散对数
C. 椭圆曲线算法
D. 大整数因子分解

50.关于数字签名的描述中,错误的是(　　)。

A.可以利用公钥密码体制　　B.可以利用对称密码体制

C.可以保证消息内容的机密性　　D.可以进行验证

51.若每次打开Word程序编辑文档时,计算机都会把文档传送到另一台FTP服务器,那么可以怀疑Word程序被黑客植入(　　)。

A.病毒　　B.特洛伊木马

C.FTP匿名服务　　D.陷门

52.关于防火墙技术的描述中,错误的是(　　)。

A.可以支持网络地址转换　　B.可以保护脆弱的服务

C.可以查、杀各种病毒　　D.可以增强保密性

53.关于EDI的描述中,错误的是(　　)。

A.EDI的基础是EDP　　B.EDI采用浏览器/服务器模式

C.EDI称为无纸贸易　　D.EDI的数据自动投递和处理

54.关于数字证书的描述中,错误的是(　　)。

A.证书通常由CA安全认证中心发放　　B.证书携带持有者的公开密钥

C.证书通常携带持有者的基本信息　　D.证书的有效性可以通过验证持有者的签名获知

55.有一种电子支付工具非常适合小额资金的支付,具有匿名性、无需与银行直接连接便可使用等特点,这种支付工具称为(　　)。

A.电子信用卡　　B.电子支票

C.电子现金　　D.电子柜员机

56.在电子政务的发展过程中,有一个阶段以政府内部的办公自动化和管理信息系统的建设为主要内容,这个阶段称为(　　)。

A.面向数据处理阶段　　B.面向信息处理阶段

C.面向网络处理阶段　　D.面向知识处理阶段

57.可信时间戳服务位于电子政务分层逻辑模型中的(　　)。

A.网络基础设施子层　　B.信息安全基础设施子层

C.统一的安全电子政务平台层　　D.电子政务应用层

58.ATM采用的传输模式为(　　)。

A.同步并行通信　　B.同步串行通信

C.异步并行通信　　D.异步串行通信

59.关于xDSL技术的描述中,错误的是(　　)。

A.VDSL是非对称传输　　B.HDSL是对称传输

C.SDSL是非对称传输　　D.ADSL是非对称传输

60.EDGE(数据速率增强型GSM)技术可以达到的最高数据传输速率为(　　)。

A.64Kbps　　B.115Kbps

C.384Kbps　　D.512Kbps

二、填空题

1.计算机辅助工程的英文缩写是________。

2.MPEG压缩标准包括MPEG________、MPEG音频和MPEG系统三个部分。

3.宽带城域网方案通常采用核心交换层、业务汇聚层与________的三层结构模式。

4.网络拓扑是通过网中结点与通信线路之间的________关系表示网络结构。

5.在层次结构的网络中,高层通过与低层之间的________使用低层提供的服务。

6.IEEE 802.1标准包括局域网体系结构、网络________,以及网络管理与性能测试。

7.CSMA/CD发送流程为:先听后发,边听边发,冲突停止,________延迟后重发。

8.无线局域网采用的扩频方法主要是跳频扩频与________扩频。

9. Windows 服务器的域模式提供单点________能力。

10. UNIX 操作系统的发源地是________实验室。

11. 一个路由器的两个 IP 地址为 20.0.0.6 和 30.0.0.6，其路由表如下所示。当收到源 IP 地址为 40.0.0.8，目的 IP 地址为 20.0.0.1 的数据报时，它将把此数据报投递到________。（要求写出具体的 IP 地址）

要到达的网络	下一路由器
20.0.0.0	直接投递
30.0.0.0	直接投递
10.0.0.0	20.0.0.5
40.0.0.0	30.0.0.7

12. 以 HTML 和 HTTP 协议为基础的服务称为________服务。

13. 匿名 FTP 服务通常使用的账号名为________。

14. 故障管理的步骤包括发现故障、判断故障症状、隔离故障、________故障、记录故障的检修过程及其结果。

15. 网络安全的基本目标是实现信息的机密性、可用性、完整性和________。

16. 提出 CMIS/CMIP 网络管理协议的标准化组织是________。

17. 网络安全攻击方法可以分为服务攻击与________攻击。

18. 电子商务应用系统由 CA 安全认证、支付网关、业务应用和________等系统组成。

19. 电子政务的公众服务业务网、非涉密政府办公网和涉密政府办公网称为________。

20. HFC 网络进行数据传输时采用的调制方式为________调制。

第6套 笔试考试试题

一、选择题

1. 2008年北京奥运会实现了绿色奥运、人文奥运、科技奥运。以下关于绿色奥运的描述中，错误的是（　　）。

A. 以可持续发展理念为指导
B. 旨在创造良好生态环境的奥运
C. 抓好节能减排、净化空气
D. 信息科技是没有污染的绿色科技

2. 下列关于计算机机型的描述中，错误的是（　　）。

A. 服务器具有很高的安全性和可靠性
B. 服务器的性能不及大型机、超过小型机
C. 工作站具有很好的图形处理能力
D. 工作站的显示器分辨率比较高

3. 下列关于奔腾处理器体系结构的描述中，正确的是（　　）。

A. 超标量技术的特点是设置多条流水线同时执行多个处理
B. 超流水线的技术特点是进行分支预测
C. 哈佛结构是把指令和数据进行混合存储
D. 局部总线采用VESA标准

4. 下列关于安腾处理器的描述中，错误的是（　　）。

A. 安腾是IA-64的体系结构
B. 它用于高端服务器与工作站
C. 采用了复杂指令系统（CISC）
D. 实现了简明并行指令计算（EPIC）

5. 下列关于主板的描述中，正确的是（　　）。

A. 按CPU芯片分类有SCSI主板、EDO主板
B. 按主板的规格分类有AT主板、ATX主板
C. 按CPU插座分类有奔腾主板、AMD主板
D. 按数据端口分类有Slot主板、Socket主板

6. 下列关于软件开发的描述中，错误的是（　　）。

A. 软件生命周期包括计划、开发、运行三个阶段
B. 开发初期进行需求分析、总体设计、详细设计
C. 开发后期进行编码和测试
D. 文档是软件运行和使用中形成的资料

7. 下列关于计算机网络的描述中，错误的是（　　）。

A. 计算机资源指计算机硬件、软件与数据
B. 计算机之间有明确的主从关系
C. 互联的计算机是分布在不同地理位置的自治计算机
D. 网络用户可以使用本地资源和远程资源

8. 2.5×10^{12}bps的数据传输速率可表示为（　　）。

A. 2.5Kbps
B. 2.5Mbps
C. 2.5Gbps
D. 2.5Tbps

9. 网络中数据传输差错的出现具有（　　）。

A. 随机性
B. 确定性
C. 指数特性
D. 线性特性

10. 下列关于OSI参考模型层次划分原则的描述中，正确的是（　　）。

A. 不同结点的同等层具有相同的功能
B. 网中各结点都需要采用相同的操作系统
C. 高层需要知道底层功能是如何实现的
D. 同一结点内相邻层之间通过对等协议通信

11. 下列TCP/IP参考模型的互联层与OSI参考模型的（　　）相对应。

A. 物理层
B. 物理层与数据链路层
C. 网络层
D. 网络层与传输层

12. 下列关于MPLS技术特点的描述中，错误的是（　　）。

A. 实现IP分组的快速交换
B. MPLS的核心是标记交换
C. 标记由边界标记交换路由器添加
D. 标记是可变长度的转发标识符

13. 支持 IP 多播通信的协议是(　　)。

A. ICMP　　B. IGMP　　C. RIP　　D. OSPF

14. 下列关于 Ad hoc 网络的描述中,错误的是(　　)。

A. 没有固定的路由器　　B. 需要基站支持

C. 具有动态搜索能力　　D. 适用于紧急救援等场合

15. 传输层的主要任务是完成(　　)。

A. 进程通信服务　　B. 网络连接服务

C. 路径选择服务　　D. 子网-子网连接服务

16. 机群系统按照应用目标可以分为高可用性机群与(　　)。

A. 高性能机群　　B. ZIZ 作站机群

C. 同构机群　　D. 异构机群

17. 共享介质方式的局域网必须解决的问题是(　　)。

A. 网络拥塞控制　　B. 介质访问控制

C. 网络路由控制　　D. 物理连接控制

18. 下列(　　)是正确的 Ethernet 物理地址。

A. 00－60－08　　B. 00.60－08－00－A6－38

C. 00－60－08－00　　D. 00.60－08－00－A6－38－00

19. 10Gbps Ethernet 采用的标准是 IEEE (　　)。

A. 802.3a　　B. 802.3ab　　C. 802.3ae　　D. 802.3u

20. 一种 Ethernet 交换机具有 24 个 10/100Mbps 的全双工端口与两个 1000Mbps 的全双工端口,其总带宽最大可以达到(　　)。

A. 0.44Gbps　　B. 4.40Gbps　　C. 0.88Gbps　　D. 8.80Gbps

21. 采用直接交换方式的 Ethernet 中,承担帧出错检测任务的是(　　)。

A. 结点主机　　B. 交换机

C. 路由器　　D. 结点主机与交换机

22. 虚拟局域网可以将网络结点按工作性质与需要划分为若干个(　　)。

A. 物理网络　　B. 逻辑工作组

C. 端口映射表　　D. 端口号/套接字映射表

23. 下列(　　)不是红外局域网采用的数据传输技术。

A. 定向光束红外传输　　B. 全方位红外传输

C. 漫反射红外传输　　D. 绕射红外传输

24. 直接序列扩频通信是将发送数据与发送端产生的一个伪随机码进行(　　)。

A. 模二加　　B. 二进制指数和

C. 平均值计算　　D. 校验和计算

25. 下列关于建筑物综合布线系统的描述中,错误的是(　　)。

A. 采用模块化结构　　B. 具有良好的可扩展性

C. 传输介质采用屏蔽双绞线　　D. 可以连接建筑物中的各种网络设备

26. 下列关于 Windows 的描述中,错误的是(　　)。

A. 启动进程的函数是 CreateProcess　　B. 通过 GDI 调用作图函数

C. 可使用多种文件系统管理磁盘文件　　D. 内存管理不需要虚拟内存管理程序

27. 下列关于网络操作系统的描述中,正确的是(　　)。

A. 早期大型机时代 IBM 提供了通用的网络环境　　B. 不同的网络硬件需要不同的网络操作系统

C. 非对等结构把共享硬盘空间分为许多虚拟盘体　　D. 对等结构中服务器端和客户端的软件都可以互换

28. 下列关于 Windows 2000 Server 基本服务的描述中,错误的是(　　)。

A. 活动目录存储有关网络对象的信息　　B. 活动目录服务把域划分为组织单元

C. 域控制器不区分主域控制器和备份域控制器
D. 用户组分为全局组和本地组

29. 下列关于 NetWare 文件系统的描述中，正确的是(　　)。

A. 不支持无盘工作站
B. 通过多路硬盘处理和高速缓冲技术提高硬盘访问速度
C. 不需要单独的文件服务器
D. 工作站的资源可以直接共享

30. 下列关于 Linux 的描述中，错误的是(　　)。

A. 是一种开源操作系统
B. 源代码最先公布在瑞典的 FTP 站点
C. 提供了良好的应用开发环境
D. 可支持非 Intel 硬件平台

31. 下列关于 UNIX 的描述中，正确的是(　　)。

A. 是多用户操作系统
B. 用汇编语言写成
C. 其文件系统是网状结构
D. 其标准化进行得很顺利

32. 下列关于因特网的描述中，错误的是(　　)。

A. 采用 OSI 标准
B. 是一个信息资源网
C. 运行 TCP/IP
D. 是一种互联网

33. 下列关于 IP 数据报投递的描述中，错误的是(　　)。

A. 中途路由器独立对待每个数据报
B. 中途路由器可以随意丢弃数据报
C. 中途路由器不能保证每个数据报都能成功投递
D. 源和目的地址都相同的数据报可能经不同路径投递

34. 某局域网包含 I、II、Ⅲ、IV 4 台主机，它们连接在同一集线器上。这 4 台主机的 IP 地址、子网屏蔽码和运行的操作系统如下：

I:10.1.1.1、255.255.255.0、Windows

II:10.2.1.1、255.255.255.0、Windows

III:10.1.1.2、255.255.255.0、UNIX

IV:10.1.2.1、255.255.255.0、Linux

如果在 I 主机上提供 Web 服务，那么可以使用该 Web 服务的主机是(　　)。

A. II、III 和 IV
B. 仅 II
C. 仅 III
D. 仅Ⅳ

35. 在 IP 数据报分片后，对分片数据报重组的设备通常是(　　)。

A. 中途路由器
B. 中途交换机
C. 中途集线器
D. 目的主机

36. 一台路由器的路由表如下所示。当它收到目的 IP 地址为 40.0.2.5 的数据报时，它会将该数据报(　　)。

要到达的网络	下一路由器
20.0.0.0	直接投递
30.0.0.0	直接投递
10.0.0.0	20.0.0.5
40.0.0.0	30.0.0.7

A. 投递到 20.0.0.5
B. 直接投递
C. 投递到 30.0.0.7
D. 抛弃

37. 下列关于因特网域名系统的描述中，错误的是(　　)。

A. 域名解析需要使用域名服务器
B. 域名服务器构成一定的层次结构
C. 域名解析有递归解析和反复解析两种方式
D. 域名解析必须从本地域名服务器开始

38. 下列关于电子邮件服务的描述中，正确的是(　　)。

A. 用户发送邮件使用 SNMP 协议
B. 邮件服务器之间交换邮件使用 SMTP 协议
C. 用户下载邮件使用 FTP 协议
D. 用户加密邮件使用 IMAP 协议

39. 使用 Telnet 的主要目的是(　　)。

A. 登录远程主机　　B. 下载文件

C. 引入网络虚拟终端　　D. 发送邮件

40. 世界上出现的第一个 WWW 浏览器是(　　)。

A. IE　　B. NavigatoT　　C. Firefox　　D. Mosaic

41. 为了避免第三方偷看 WWW 浏览器与服务器交互的敏感信息,通常需要(　　)。

A. 采用 SSL 技术　　B. 在浏览器中加载数字证书

C. 采用数字签名技术　　D. 将服务器放入可信站点区

42. 如果用户计算机通过电话网接入因特网,那么用户端必须具有(　　)。

A. 路由器　　B. 交换机

C. 集线器　　D. 调制解调器

43. 下列关于网络管理功能的描述中,错误的是(　　)。

A. 配置管理是掌握和控制网络的配置信息　　B. 故障管理是定位和完全自动排除网络故障

C. 性能管理是使网络性能维持在较高水平　　D. 计费管理是跟踪用户对网络资源的使用情况

44. 下列操作系统能够达到 C2 安全级别的是(　　)。

I. System 7. x　II. Windows 98　III. Windows NT　Ⅳ. NetWare 4. x

A. I 和 II　　B. II 和 III

C. III 和 IV　　D. II 和Ⅳ

45. 下列(　　)不是网络信息系统安全管理需要遵守的原则。

A. 多人负责原则　　B. 任期有限原则

C. 多级多目标管理原则　　D. 职责分离原则

46. 下列(　　)攻击属于非服务攻击。

I. 邮件炸弹　II. 源路由攻击　III. 地址欺骗

A. I 和 II　　B. 仅 II

C. II 和 III　　D. I 和 III

47. 对称加密技术的安全性取决于(　　)。

A. 密文的保密性　　B. 解密算法的保密性

C. 密钥的保密性　　D. 加密算法的保密性

48. 下列(　　)破译类型的破译难度最大。

A. 仅密文　　B. 已知明文

C. 选择明文　　D. 选择密文

49. 下列关于 RSA 密码体制特点的描述中,错误的是(　　)。

A. 基于大整数因子分解问题　　B. 是一种公钥密码体制

C. 加密速度很快　　D. 常用于数字签名和认证

50. Kerberos 是一种常用的身份认证协议,它采用的加密算法是(　　)。

A. Elgamal　　B. DES　　C. MD5　　D. RSA

51. SHA 是一种常用的摘要算法,它产生的消息摘要长度是(　　)。

A. 64 位　　B. 128 位

C. 160 位　　D. 256 位

52. 下列关于安全套接层协议的描述中,错误的是(　　)。

A. 可保护传输层的安全　　B. 可提供数据加密服务

C. 可提供消息完整性服务　　D. 可提供数据源认证服务

53. 下列关于数字证书的描述中,正确的是(　　)。

A. 包含证书拥有者的公钥信息　　B. 包含证书拥有者的账号信息

C. 包含证书拥有者上级单位的公钥信息　　D. 包含 CA 中心的私钥信息

54. 下列关于电子现金特点的描述中，错误的是(　　)。

A. 匿名性　　B. 适于小额支付

C. 使用时无需直接与银行连接　　D. 依赖使用人的信用信息

55. SET 协议是针对下列(　　)支付方式的网上交易而设计的。

A. 支票支付　　B. 卡支付

C. 现金支付　　D. 手机支付

56. 电子政务逻辑结构的 3 个层次是电子政务应用层、统一的安全电子政务平台层和(　　)。

A. 接入层　　B. 汇聚层

C. 网络设施层　　D. 支付体系层

57. 电子政务内网包括公众服务业务网、非涉密政府办公网和(　　)。

A. 因特网　　B. 内部网

C. 专用网　　D. 涉密政府办公网

58. HFC 网络依赖于复用技术，从本质上看其复用属于(　　)。

A. 时分复用　　B. 频分复用

C. 码分复用　　D. 空分复用

59. 下列关于 ADSL 技术的描述中，错误的是(　　)。

A. 上下行传输速率不同　　B. 可传送数据、视频等信息

C. 可提供 1Mbps 上行信道　　D. 可在 10km 距离提供 8Mbps 下行信道

60. 802.11 技术和蓝牙技术可以共同使用的无线信道频带是(　　)。

A. 800MHz　　B. 2.4GHz　　C. 5GHz　　D. 10GHz

二、填空题

1. 系统可靠性的 MTBF 是________的英文缩写。

2. MPEG 压缩标准包括 MPEG 视频、MPEG ________和 MPEG 系统三个部分。

3. 多媒体数据在传输过程中必须保持数据之间在时序上的________约束关系。

4. 星形拓扑结构中的结点通过点对点通信线路与________结点连接。

5. TCP 协议可以将源主机的________流无差错地传送到目的主机。

6. 令牌总线局域网中的令牌是一种特殊结构的________帧。

7. CSMA/CD 发送流程为：先听后发，边听边发，________停止，随机延迟后重发。

8. 10BASE-T 使用带________接口的以太网卡。

9. IEEE 制定的 UNIX 统一标准是________。

10. 红帽公司的主要产品是 Red Hat ________操作系统。

11. 因特网主要由通信线路、________、主机和信息资源 4 部分组成。

12. 某主机的 IP 地址为 10.8.60.37，子网屏蔽码为 255.255.255.0。当这台主机进行有限广播时，IP 数据报中的源 IP 地址为________。

13. 由于采用了________，不同厂商开发的 WWW 浏览器、WWW 编辑器等软件可以按照统一的标准对 WWW 页面进行处理。

14. 密钥分发技术主要有 CA 技术和________技术。

15. 数字签名是用于确认发送者身份和消息完整性的一个加密消息________。

16. Web 站点可以限制用户访问 Web 服务器提供的资源，访问控制一般分为 4 个级别：硬盘分区权限、用户验证、Web 权限和________限制。

17. 电信管理网中，管理者和代理间的管理信息交换是通过 CMIP 和________实现的。

18. 电子商务应用系统包括 CA 安全认证系统、________系统、业务应用系统和用户及终端系统。

19. 电子政务的发展历程包括面向数据处理、面向信息处理和面向________处理阶段。

20. ATM 的主要技术特征有多路复用、面向连接、服务质量和________传输。

第 7 套 笔试考试试题

一、选择题

1. 1959 年 10 月我国研制成功的一台通用大型电子管计算机是(　　)。

A. 103 计算机　　B. 104 计算机

C. 120 计算机　　D. 130 计算机

2. 关于计算机应用的描述中,错误的是(　　)。

A. 模拟核爆炸是一种特殊的研究方法　　B. 天气预报采用了巨型计算机处理数据

C. 经济运行模型还不能用计算机模拟　　D. 过程控制可采用低档微处理器芯片

3. 关于服务器的描述中,正确的是(　　)。

A. 按体系结构分为入门级、部门级、企业级服务器　　B. 按用途分为台式、机架式、机柜式服务器

C. 按处理器类型分为文件、数据库服务器　　D. 刀片式服务器的每个刀片是一块系统主板

4. 关于计算机配置的描述中,错误的是(　　)。

A. 服务器机箱的个数用 1U/2U/3U/…/8U 表示　　B. 现在流行的串行接口硬盘是 SATA 硬盘

C. 独立磁盘冗余阵列简称磁盘阵列　　D. 串行 SCSI 硬盘简称 SAS 硬盘

5. 关于软件开发的描述中,正确的是(　　)。

A. 软件生命周期包括计划、开发两个阶段　　B. 开发初期进行需求分析、总体设计、详细设计

C. 开发后期进行编码、测试、维护　　D. 软件运行和使用中形成文档资料

6. 关于多媒体的描述中,错误的是(　　)。

A. 多媒体的数据量很大,必须进行压缩才能使用　　B. 多媒体信息有许多冗余,这是进行压缩的基础

C. 信息熵编码法提供了无损压缩　　D. 常用的预测编码是变换编码

7. 关于数据报交换方式的描述中,错误的是(　　)。

A. 在报文传输前建立源结点与目的结点之间的虚电路

B. 同一报文的不同分组可以经过不同路径进行传输

C. 同一报文的每个分组中都要有源地址与目的地址

D. 同一报文的不同分组可能不按顺序到达目的结点

8. IEEE 802.11 无线局域网的介质访问控制方法中,帧间间隔的大小取决于(　　)。

A. 接入点　　B. 交换机

C. 帧大小　　D. 帧类型

9. 以下网络应用中不属于 Web 应用的是(　　)。

A. 电子商务　　B. 域名解析

C. 电子政务　　D. 博客

10. 关于千兆以太网的描述中,错误的是(　　)。

A. 与传统以太网采用相同的帧结构　　B. 标准中定义了千兆介质专用接口

C. 只使用光纤作为传输介质　　D. 用 GMII 分隔 MAC 子层与物理层

11. 虚拟局域网的技术基础是(　　)。

A. 路由技术　　B. 带宽分配

C. 交换技术　　D. 冲突检测

12. 关于 OSI 参考模型的描述中,正确的是(　　)。

A. 高层为低层提供所需的服务　　B. 高层需要知道低层的实现方法

C. 不同结点的同等层有相同的功能　　D. 不同结点需要相同的操作系统

13. 如果网络结点传输 10bit 数据需要 1×10^{-8}s,则该网络的数据传输速率为(　　)。

A. 10Mbps　　B. 1Gbps

C. 100Mbps　　D. 10Gbps

14. 关于传统 Ethernet 的描述中，错误的是(　　)。

A. 是一种典型的总线型局域网　　B. 结点通过广播方式发送数据

C. 需要解决介质访问控制问题　　D. 介质访问控制方法是 CSMA/CA

15. 网桥实现网络互联的层次是(　　)。

A. 数据链路层　　B. 传输层

C. 网络层　　D. 应用层

16. 在 TCP/IP 参考模型中，负责提供面向连接服务的协议是(　　)。

A. FTP　　B. DNS

C. TCP　　D. UDP

17. 以下(　　)不是无线局域网 IEEE 802.11 规定的物理层传输方式。

A. 直接序列扩频　　B. 跳频扩频

C. 蓝牙　　D. 红外

18. 关于网络层的描述中，正确的是(　　)。

A. 基本数据传输单位是帧　　B. 主要功能是提供路由选择

C. 完成应用层信息格式的转换　　D. 提供端到端的传输服务

19. 1000BASE－T 标准支持的传输介质是(　　)。

A. 单模光纤　　B. 多模光纤

C. 非屏蔽双绞线　　D. 屏蔽双绞线

20. 电子邮件传输协议是(　　)。

A. DHCP　　B. FTP

C. CMIP　　D. SMTP

21. 关于 IEEE 802 模型的描述中，正确的是(　　)。

A. 对应于 OSI 模型的网络层　　B. 数据链路层分为 LLC 与 MAC 子层

C. 只包括一种局域网协议　　D. 针对广域网环境

22. 关于 Ad Hoc 网络的描述中，错误的是(　　)。

A. 是一种对等式的无线移动网络　　B. 在 WLAN 的基础上发展起来

C. 采用无基站的通信模式　　D. 在军事领域应用广泛

23. 以下 P2P 应用软件中不属于文件共享类应用的是(　　)。

A. Skype　　B. Gnutella

C. Napster　　D. BitTorrent

24. 关于服务器操作系统的描述中，错误的是(　　)。

A. 是多用户、多任务的系统　　B. 通常采用多线程的处理方式

C. 线程比进程需要的系统开销小　　D. 线程管理比进程管理复杂

25. 关于 Windows Server 基本特征的描述中，正确的是(　　)。

A. Windows 2000 开始与 IE 集成，并摆脱了 DOS

B. Windows 2003 依据.NET 架构对 NI 技术做了实质的改进

C. Windows 2003 R2 可靠性提高，安全性尚显不足

D. Windows 2008 重点加强安全性，其他特征与前面版本类似

26. 关于活动目录的描述中，错误的是(　　)。

A. 活动目录包括目录和目录服务　　B. 域是基本管理单位，通常不再细分

C. 活动目录采用树状逻辑结构　　D. 通过域构成树，树再组成森林

27. 关于 UNIX 操作系统的描述中，正确的是(　　)。

A. UNIX 由内核和外壳两部分组成　　B. 内核由文件子系统和目录子系统组成

C. 外壳由进程子系统和线程子系统组成　　D. 内核部分的操作原语对用户程序起作用

28. 关于 Linux 操作系统的描述中，错误的是（　　）。

A. 内核代码与 UNIX 不同
B. 适合作为 Internet 服务平台
C. 文件系统是网状结构
D. 用户界面主要有 KDE 和 GNOME

29. 关于 TCP/IP 协议集的描述中，错误的是（　　）。

A. 由 TCP 和 IP 两个协议组成
B. 规定了 Internet 中主机的寻址方式
C. 规定了 Internet 中信息的传输规则
D. 规定了 Internet 中主机的命名机制

30. 关于 IP 联网的描述中，错误的是（　　）。

A. 隐藏了低层物理网络细节
B. 数据可以在 IP 互联网中跨网传输
C. 要求物理网络之间全互联
D. 所有计算机使用统一的地址描述方法

31. 以下（　　）地址为回送地址。

A. 128.0.0.1
B. 127.0.0.1
C. 126.0.0.1
D. 125.0.0.1

32. 如果一台主机的 IP 地址为 20.22.25.6，子网掩码为 255.255.255.0，那么该主机的主机号为（　　）。

A. 6
B. 25
C. 22
D. 20

33. 一个连接两个以太网的路由器接收到一个 IP 数据报，如果需要将该数据报转发到 IP 地址为 202.123.1.1 的主机，那么该路由器可以使用（　　）协议寻找目标主机的 MAC 地址。

A. IP
B. ARP
C. DNS
D. TCP

34. 在没有选项和填充的情况下，IPv4 数据报报头长度域的值应该为（　　）。

A. 3
B. 4
C. 5
D. 6

35. 对 IP 数据报进行分片的主要目的是（　　）。

A. 提高互联网的性能
B. 提高互联网的安全性
C. 适应各个物理网络不同的地址长度
D. 适应各个物理网络不同的 MTU 长度

36. 关于 ICMP 差错报文特点的描述中，错误的是（　　）。

A. 享受特别优先权和可靠性
B. 数据中包含故障 IP 数据报数据区的前 64bit
C. 伴随抛弃出错 IP 数据报产生
D. 目的地址通常为抛弃数据报的源地址

37. 一个路由器的路由表如下所示。如果该路由器接收到一个目的 IP 地址为 10.1.2.5 的报文，那么它应该将其投递到（　　）。

子网掩码	要到达的网络	下一路由器
255.255.0.0	10.2.0.0	直接投递
255.255.0.0	10.3.0.0	直接投递
255.255.0.0	10.1.0.0	10.2.0.5
255.255.0.0	10.4.0.0	10.3.0.7

A. 10.1.0.0
B. 10.2.0.5
C. 10.4.0.0
D. 10.3.0.7

38. 关于 RIP 与 OSPF 的描述中，正确的是（　　）。

A. RIP 和 OSPF 都采用向量—距离算法
B. RIP 和 OSPF 都采用链路—状态算法
C. RIP 采用向量-距离算法，OSPF 采用链路—状态算法
D. RIP 采用链路-状态算法，OSPF 采用向量—距离算法

39. 为确保连接的可靠建立，TCP 采用的技术是（　　）。

A. 4 次重发
B. 3 次重发
C. 4 次握手
D. 3 次握手

40. 关于客户机/服务器模式的描述中,正确的是(　　)。

A. 客户机主动请求,服务器被动等待　　B. 客户机和服务器都主动请求

C. 客户机被动等待,服务器主动请求　　D. 客户机和服务器都被动等待

41. 关于 Internet 域名系统的描述中,错误的是(　　)。

A. 域名解析需要一组既独立又协作的域名服务器　　B. 域名服务器逻辑上构成一定的层次结构

C. 域名解析总是从根域名服务器开始　　D. 递归解析是域名解析的一种方式

42. pwd 是一个 FTP 用户接口命令,它的意义是(　　)。

A. 请求用户输入密码　　B. 显示远程主机的当前工作目录

C. 在远程主机中建立目录　　D. 进入主动传输方式

43. 为了使电子邮件能够传输二进制信息,对 RFC822 进行扩充后的标准为(　　)。

A. RFC823　　B. SNMP

C. MIME　　D. CERT

44. 关于 WWW 服务系统的描述中,错误的是(　　)。

A. WWW 采用客户机/服务器模式　　B. WWW 的传输协议采用 HTML

C. 页面到页面的链接信息由 URL 维持　　D. 客户端应用程序称为浏览器

45. 以下(　　)不是 Internet 网络管理协议。

A. SNMPvl　　B. SNMPv2

C. SNMPv3　　D. SNMPv4

46. 根据计算机信息系统安全保护等级划分准则,安全要求最高的防护等级是(　　)。

A. 指导保护级　　B. 强制保护级

C. 监督保护级　　D. 专控保护级

47. 以下(　　)攻击属于被动攻击。

A. 流量分析　　B. 数据伪装

C. 消息重放　　D. 消息篡改

48. AES 加密算法处理的分组长度是(　　)。

A. 56 位　　B. 64 位

C. 128 位　　D. 256 位

49. RC5 加密算法没有采用的基本操作是(　　)。

A. 异或　　B. 循环

C. 置换　　D. 加

50. 关于消息认证的描述中,错误的是(　　)。

A. 消息认证称为完整性校验　　B. 用于识别信息源的真伪

C. 消息认证都是实时的　　D. 消息认证可通过认证码实现

51. 关于 RSA 密码体制的描述中,正确的是(　　)。

A. 安全性基于椭圆曲线问题　　B. 是一种对称密码体制

C. 加密速度很快　　D. 常用于数字签名

52. 关于 Kerberos 认证系统的描述中,错误的是(　　)。

A. 有一个包含所有用户密钥的数据库　　B. 用户密钥是一个加密口令

C. 加密算法必须使用 DES　　D. Kerberos 提供会话密钥

53. 用 RSA 算法加密时,已知公钥是(e=7,n=20),私钥是(d=3,n=20),用公钥对消息 M=3 加密,得到的密文是(　　)。

A. 19　　B. 13

C. 12　　D. 7

54. 以下(　　)地址不是组播地址。

A. 224.0.1.1　　B. 232.0.0.1

C. 233.255.255.1

D. 240.255.255.1

55. 以下(　　)P2P 网络拓扑不是分布式非结构化的。

A. Gnutella

B. Maze

C. LimeWire

D. BearShare

56. 关于即时通信的描述中,正确的是(　　)。

A. 只工作在客户机/服务器方式

B. QQ 是最早推出的即时通信软件

C. QQ 的聊天通信是加密的

D. 即时通信系统均采用 SIP

57. 以下(　　)服务不属于 IPTV 通信类服务。

A. IP 语音服务

B. 即时通信服务

C. 远程教育服务

D. 电视短信服务

58. 从技术发展角度看,最早出现的 IP 电话工作方式是(　　)。

A. PC-to-PC

B. PC-to-Phone

C. Phone-to-PC

D. Phone-to-Phone

59. 数字版权管理主要采用数据加密、版权保护、数字签名和(　　)。

A. 认证技术

B. 数字水印技术

C. 访问控制技术

D. 防篡改技术

60. 网络全文搜索引擎一般包括搜索器、检索器、用户接口和(　　)。

A. 索引器

B. 机器人

C. 爬虫

D. 蜘蛛

二、填空题

1. 精简指令集计算机的英文缩写是________。

2. 流媒体数据流具有连续性、实时性和________三个特点。

3. 00－60－38－00－08－A6 是一个________地址。

4. Ethernet v2.0 规定帧的数据字段的最大长度是________。

5. RIP 协议用于在网络设备之间交换________信息。

6. 网络协议的三个要素是________、语义与时序。

7. TCP/IP 参考模型的主机～网络层对应于 OSI 参考模型的物理层与________。

8. 一台 Ethernet 交换机提供 24 个 100Mbps 的全双工端口与 1 个 1Gbps 的全双工端口,在交换机满配置情况下的总带宽可以达到________。

9. Web OS 是运行在________中的虚拟操作系统。

10. Novell 公司收购了 SUSE,以便通过 SUSE ________ Professional 产品进一步发展网络操作系统业务。

11. IP 服务的三个特点是:不可靠、面向非连接和________。

12. 如果一个 IP 地址为 10.1.2.20,子网掩码为 255.255.255.0 的主机需要发送一个有限广播数据报,该有限广播数据报的目的地址为________。

13. IPv6 的地址长度为________位。

14. 浏览器结构由一个________和一系列的客户单元、解释单元组成。

15. 为了解决系统的差异性,Telnet 协议引入了________,用于屏蔽不同计算机系统对键盘输入解释的差异。

16. SNMP 从被管理设备收集数据有两种方法:基于________方法和基于中断方法。

17. 数字签名是笔迹签名的模拟,用于确认发送者身份,是一个________的消息摘要。

18. 包过滤防火墙依据规则对收到的 IP 包进行处理,决定是________还是丢弃。

19. 组播允许一个发送方发送数据报到多个接收方。不论接收组成员的数量是多少,数据源只发送________数据报。

20. P2P 网络存在三种主要结构类型,Napster 是________目录式结构的代表。

第8套 笔试考试试题

一、选择题

1. 我国研制成功第一台通用电子管103计算机是在(　　)。

A. 1957年　　B. 1958年

C. 1959年　　D. 1960年

2. 关于计算机应用的描述中,正确的是(　　)。

A. 事务处理的数据量小、实时性不强

B. 智能机器人不能从事繁重的体力劳动

C. 计算机可以模拟经济运行模型

D. 嵌入式装置不能用于过程控制

3. 关于客户端计算机的描述中,错误的是(　　)。

A. 包括台式机、笔记本及工作站等

B. 大多数工作站属于图形工作站

C. 可分为RISC工作站和PC工作站

D. 笔记本类手持设备越来越受到欢迎

4. 关于处理器芯片的描述中,正确的是(　　)。

A. 奔腾芯片是32位的

B. 双核奔腾芯片是64位的

C. 超流水线技术内置多条流水线

D. 超标量技术可细化流水

5. 关于软件的描述中,错误的是(　　)。

A. 可分为系统软件和应用软件

B. 系统软件的核心是操作系统

C. 共享软件的作者不保留版权

D. 自由软件可自由复制和修改

6. 关于流媒体的描述中,正确的是(　　)。

A. 流媒体播放都没有启动延时

B. 流媒体内容都是线性组织的

C. 流媒体服务都采用客户/服务器模式

D. 流媒体数据流都需要保持严格的时序关系

7. 对计算机网络发展具有重要影响的广域网是(　　)。

A. ARPANET　　B. Ethernet

C. Token Ring　　D. ALOHA

8. 关于网络协议的描述中,错误的是(　　)。

A. 为网络数据交换制订的规则与标准

B. 由语法、语义与时序三个要素组成

C. 采用层次结构模型

D. 语法是对事件实现顺序的详细说明

9. 如果网络系统发送1bit数据所用时间为10^{-7}s,那么它的数据传输速率为(　　)。

A. 10Mbps　　B. 100Mbps

C. 1Gbps　　D. 10Gbps

10. 在OSI参考模型中,负责实现路由选择功能的是(　　)。

A. 物理层　　B. 网络层

C. 会话层　　D. 表示层

11. 关于万兆以太网的描述中,正确的是(　　)。

A. 应考虑介质访问控制问题

B. 可以使用屏蔽双绞线

C. 只定义了局域网物理层标准

D. 没有改变以太网的帧格式

12. 在Internet中实现文件传输服务的协议是(　　)。

A. FTP　　B. ICMP

C. CMIP　　D. POP

13. 具有拓扑中心的网络结构是(　　)。

A. 网状拓扑　　B. 树状拓扑

C. 环形拓扑　　D. 星形拓扑

14. IEEE 针对无线局域网制订的协议标准是(　　)。

A. IEEE 802.3　　B. IEEE 802.11

C. IEEE 802.15　　D. IEEE 802.16

15. 1000BASE-LX 标准支持的传输介质是(　　)。

A. 单模光纤　　B. 多模光纤

C. 屏蔽双绞线　　D. 非屏蔽双绞线

16. 关于共享介质局域网的描述中，错误的是(　　)。

A. 采用广播方式发送数据　　B. 所有网络结点使用同一信道

C. 不需要介质访问控制方法　　D. 数据在传输过程中可能冲突

17. 如果千兆以太网交换机的总带宽为 24Gbps，其全双工千兆端口数量最多为(　　)。

A. 12 个　　B. 24 个

C. 36 个　　D. 48 个

18. 在 TCP/IP 参考模型中，提供无连接服务的传输层协议是(　　)。

A. UDP　　B. TCP

C. ARP　　D. OSPF

19. 关于网桥的描述中，正确的是(　　)。

A. 网桥无法实现地址过滤与帧转发功能　　B. 网桥互联的网络在网络层都采用不同协议

C. 网桥是在数据链路层实现网络互联的设备　　D. 透明网桥由源结点实现帧的路由选择功能

20. 以下不属于即时通信的是(　　)。

A. DNS　　B. MSN

C. ICQ　　D. QQ

21. OSI 参考模型的网络层对应于 TCP/IP 参考模型的(　　)。

A. 主机-网络层　　B. 互联层

C. 传输层　　D. 应用层

22. 关于博客的描述中，错误的是(　　)。

A. 以文章的形式实现信息发布　　B. 在技术上属于网络共享空间

C. 在形式上属于网络个人出版　　D. 内容只能包含文字与图片

23. 以太网帧的地址字段中保存的是(　　)。

A. 主机名　　B. 端口号

C. MAC 地址　　D. IP 地址

24. 关于操作系统的描述中，正确的是(　　)。

A. 只管理硬件资源、改善人机接口　　B. 驱动程序直接控制各类硬件

C. 操作系统均为双内核结构　　D. 进程地址空间是文件在磁盘的位置

25. 关于网络操作系统的描述中，错误的是(　　)。

A. 文件与打印服务是基本服务　　B. 通常支持对称多处理技术

C. 通常是多用户、多任务的　　D. 采用多进程方式以避免多线程出现问题

26. 关于 Windows Server 2008 的描述中，正确的是(　　)。

A. 虚拟化采用了 Hyper-V 技术　　B. 主流 CPU 不支持软件虚拟技术

C. 精简版提高了安全性、降低了可靠性　　D. 内置了 VMware 模拟器

27. 关于 UNIX 标准化的描述中，错误的是(　　)。

A. UNIX 版本太多，标准化复杂　　B. 出现了可移植操作系统接口标准

C. 曾分裂为 POSIX 和 UI 两个阵营　　D. 统一后的 UNIX 标准组织是 COSE

28. 关于操作系统产品的描述中，正确的是(　　)。

A. AIX 是 HP 公司的产品　　B. NetWare 是 Sun 公司的产品

C. Solaris 是 IBM 公司的产品　　D. SUSE Linux 是 Novell 公司的产品

29. 在 Internet 中，不需运行 IP 协议的设备是(　　)。

A. 路由器　　B. 集线器

C. 服务器　　D. 工作站

30. HFC 采用了以下哪个网络接入 Internet？(　　)

A. 有线电视网　　B. 有线电话网

C. 无线局域网　　D. 移动电话网

31. 以下哪个不是 IP 服务具有的特点？(　　)

A. 不可靠　　B. 无连接

C. 标记交换　　D. 尽最大努力

32. 如果一台主机的 IP 地址为 20.22.25.6，子网掩码为 255.255.255.0，那么该主机所属的网络(包括子网)为(　　)。

A. 20.22.25.0　　B. 20.22.0.0

C. 20.0.0.0　　D. 0.0.0.0

33. 如果需要将主机域名转换为 IP 地址，那么可使用的协议是(　　)。

A. MIME　　B. DNS

C. PGP　　D. Telnet

34. 在 IP 报头中设置"生存周期"域的目的是(　　)。

A. 提高数据报的转发效率　　B. 提高数据报转发过程中的安全性

C. 防止数据报在网络中无休止地流动　　D. 确保数据报可以正确分片

35. 在 IP 数据报分片后，通常负责 IP 数据报重组的设备是(　　)。

A. 分片途经的路由器　　B. 源主机

C. 分片途经的交换机　　D. 目的主机

36. 某路由器收到了一个 IP 数据报，在对其报头进行校验后发现该数据报存在错误。路由器最有可能采取的动作是(　　)。

A. 抛弃该数据报　　B. 抑制该数据报源主机的发送

C. 转发该数据报　　D. 纠正该数据报的错误

37. 下图为一个简单的互联网示意图。其中，路由器 S 的路由表中到达网络 10.0.0.0 的下一跳步 IP 地址为(　　)。

A. 40.0.0.8　　B. 30.0.0.7

C. 20.0.0.6　　D. 10.0.0.5

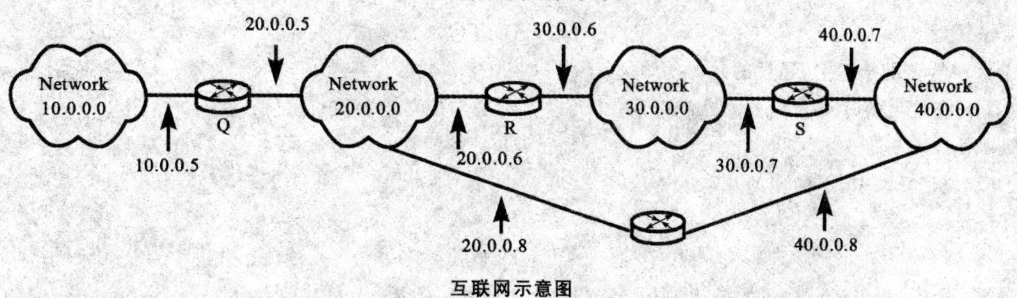

互联网示意图

38. 关于 RIP 协议的描述中，正确的是(　　)。

A. 采用链路-状态算法　　B. 距离通常用带宽表示

C. 向相邻路由器广播路由信息　　D. 适合于特大型互联网使用

39. 当使用 TCP 进行数据传输时，如果接收方通知了一个 800B 的窗口值，那么发送方可以发送(　　)。

A. 长度为 2000B 的 TCP 包　　B. 长度为 1500B 的 TCP 包

C. 长度为 1000B 的 TCP 包　　D. 长度为 500B 的 TCP 包

40. 在客户/服务器模式中，响应并发请求可以采取的方案包括(　　)。

A. 并发服务器和重复服务器　　B. 递归服务器和反复服务器

C. 重复服务器和串行服务器　　D. 并发服务器和递归服务器

41. 在 Internet 域名系统的资源记录中，表示主机地址的对象类型为（　　）。

A. HINFO

B. MX

C. A

D. H

42. 关于 POP3 和 SMTP 的响应字符串，正确的是（　　）。

A. POP3 以数字开始，SMTP 不是

B. SMTP 以数字开始，POP3 不是

C. POP3 和 SMTP 都不以数字开始

D. POP3 和 SMTP 都以数字开始

43. WWW 系统采用的传输协议是（　　）。

A. DHCP

B. XML

C. HTTP

D. HTML

44. 为了验证 WWW 服务器的真实性，防止假冒的 WWW 服务器欺骗，用户可以（　　）。

A. 对下载的内容进行病毒扫描

B. 验证要访问的 WWW 服务器的 CA 证书

C. 将要访问的 WWW 服务器放入浏览器的可信站点区域

D. 严禁浏览器运行 ActiveX 控件

45. 下面哪个不是 SNMP 网络管理的工作方式？（　　）

A. 轮询方式

B. 中断方式

C. 基于轮询的中断方式

D. 陷入制导轮询方式

46. 根据计算机信息系统安全保护等级划分准则，安全要求最低的是（　　）。

A. 指导保护级

B. 自主保护级

C. 监督保护级

D. 专控保护级

47. 下面属于被动攻击的是（　　）。

A. 拒绝服务攻击

B. 电子邮件监听

C. 消息重放

D. 消息篡改

48. Blowfish 加密算法处理的分组长度是（　　）。

A. 56 位

B. 64 位

C. 128 位

D. 256 位

49. 下面不属于公钥加密算法的是（　　）。

A. RSA

B. AES

C. EIGamal

D. 背包加密算法

50. 关于数字签名的描述中，错误的是（　　）。

A. 通常能证实签名的时间

B. 通常能对内容进行鉴别

C. 必须采用 DSS 标准

D. 必须能被第三方验证

51. 在 DES 加密算法中，不使用的基本运算是（　　）。

A. 逻辑与

B. 异或

C. 置换

D. 移位

52. 关于 Kerberos 身份认证协议的描述中，正确的是（　　）。

A. Kerberos 是为 Novell 网络设计的

B. 用户须拥有数字证书

C. 加密算法使用 RSA

D. Kerberos 提供会话密钥

53. 关于 IPSec 的描述中，错误的是（　　）。

A. 主要协议是 AH 协议与 ESP 协议

B. AH 协议保证数据完整性

C. 只使用 TCP 作为传输层协议

D. 将互联层改造为有逻辑连接的层

54. 下面哪个不是密集组播路由协议？（　　）

A. DVMRP

B. MOSPF

C. PIM-DM

D. CBT

55. 下面哪种 P2P 网络拓扑属于混合式结构？（　　）

A. Chord　　B. Skype

C. Pastry　　D. Tapestry

56. 关于 SIP 协议的描述中，错误的是（　　）。

A. 可以扩展为 XMPP 协议　　B. 支持多种即时通信系统

C. 可以运行于 TCP 或 UDP 之上　　D. 支持多种消息类型

57. 下面哪种业务属于 IPTV 通信类服务？（　　）

A. 视频点播　　B. 即时通信

C. 时移电视　　D. 直播电视

58. 关于 Skype 特点的描述中，错误的是（　　）。

A. 具有保密性　　B. 高清晰音质

C. 多方通话　　D. 只支持 Windows 平台

59. 数字版权管理主要采用数据加密、版权保护、认证和（　　）。

A. 防病毒技术　　B. 数字水印技术

C. 访问控制技术　　D. 防篡改技术

60. 关于百度搜索技术的描述中，错误的是（　　）。

A. 采用分布式爬行技术　　B. 采用超文本匹配分析技术

C. 采用网络分类技术　　D. 采用页面等级技术

二、填空题

1. 地理信息系统的英文缩写是________。

2. 服务器运行的企业管理软件 ERP 称为________。

3. IEEE 802 参考模型将________层分为逻辑链路控制子层与介质访问控制子层。

4. 红外无线局域网的数据传输技术包括：________红外传输、全方位红外传输与漫反射红外传输。

5. 虚拟局域网是建立在交换技术的基础上，以软件方式实现________工作组的划分与管理。

6. 按网络覆盖范围分类，________用于实现几十千米范围内大量局域网的互联。

7. 以太网 MAC 地址的长度为________位。

8. 在 Internet 中，邮件服务器间传递邮件使用的协议是________。

9. 活动目录服务把域划分为 OU，称为________。

10. 红帽 Linux 企业版提供了一个自动化的基础架构，包括________、身份管理、高可用性等功能。

11. 为了保证连接的可靠建立，TCP 使用了________法。

12. 在路由表中，特定主机路由表项的子网掩码为________。

13. 一个 IPv6 地址为 21DA:0000:0000:0000:12AA:2C5F:FE08:9C5A。如果采用双冒号表示法，那么该 IPv6 地址可以简写为________。

14. 在客户服务器模式中，主动发出请求的是________。

15. FTP 规定：向服务器发送________命令可以进入被动模式。

16. 故障管理的主要任务是________故障和排除故障。

17. 对网络系统而言，信息安全主要包括两个方面：存储安全和________安全。

18. 进行唯密文攻击时，密码分析者已知的信息包括：要解密的密文和________。

19. P2P 网络的基本结构之一是________结构，其特点是由服务器负责记录共享的信息以及回答对这些信息的查询。

20. QQ 客户端间进行聊天有两种方式。一种是客户端直接建立连接进行聊天，另一种是用服务器________的方式实现消息的传送。

第9套 笔试考试试题

一、选择题

1. IBM-PC 的出现掀起了计算机普及的高潮，它是在(　　)被引入中国的。

A. 1951 年　　B. 1961 年

C. 1971 年　　D. 1981 年

2. 关于计算机辅助技术的描述中，正确的是(　　)。

A. 计算机辅助设计缩写为 CAS　　B. 计算机辅助制造缩写为 CAD

C. 计算机辅助教学缩写为 CAI　　D. 计算机辅助测试缩写为 CAE

3. 关于服务器的描述中，错误的是(　　)。

A. 服务器的处理能力强、存储容量大、I/O 速度快　　B. 刀片服务器的每个刀片都是一个客户端

C. 服务器按体系结构分为 RISC、CISC 和 VLIW　　D. 企业级服务器是高端服务器

4. 关于计算机技术指标的描述中，正确的是(　　)。

A. 平均无故障时间(MTBF)指多长时间系统发生一次故障

B. 奔腾芯片 32 位的，双核奔腾芯片是 64 位的

C. 浮点指令的平均执行速度单位是 MIPS

D. 存储容量的 1KB 通常代表 1000 字节

5. 以下哪种是 64 位处理器？(　　)

A. 8088　　B. 安腾

C. 奔腾　　D. 奔腾Ⅲ

6. 关于多媒体的描述中，正确的是(　　)。

A. 多媒体是新世纪出现的新技术　　B. 多媒体信息存在数据冗余

C. 熵编码采用有损压缩　　D. 源编码采用无损压缩

7. 在网络协议要素中，规定用户数据格式的是(　　)。

A. 语法　　B. 语义

C. 时序　　D. 接口

8. 关于 OSI 参考模型各层功能的描述中，错误的是(　　)。

A. 物理层基于传输质提供物理连接服务　　B. 网络层通过路由算法为分组选择传输路径

C. 数据链路层为用户提供可靠的端到端服务　　D. 应用层为用户提供各种高层网络应用服务

9. 如果数据传输速率为 1Gbps，那么发送 12.5MB 数据需要用(　　)。

A. 0.01s　　B. 0.1s

C. 1s　　D. 10s

10. 用于实现邮件传输服务的协议是(　　)。

A. HTML　　B. IGMP

C. DHCP　　D. SMTP

11. 关于 TCP/IP 模型与 OSI 模型对应关系的描述中，正确的是(　　)。

A. TCP/IP 模型的应用层对应于 OSI 模型的传输层

B. TCP/IP 模型的传输层对应于 OSI 模型的传输层

C. TCP/IP 模型的互联层对应于 OSI 模型的传输层

D. TCP/IP 模型的主机-网络层对应于 OSI 模型的应用层

12. 共享式以太网采用的介质访问控制方法(　　)。

A. CSMA/CD　　B. CSMA/CA

C. WCDMA　　D. CDMA2000

13. 在以太网的帧结构中，表示网络层协议的字段是(　　)。

A. 前导码　　B. 源地址

C. 帧校验　　D. 类型

14. 关于局域网交换机的描述中，错误的是(　　)。

A. 可建立多个端口之间的并发连接　　B. 采用传统的共享介质工作方式

C. 核心是端口与 MAC 地址映射　　D. 可通过存储转发方式交换数据

15. 支持单模光纤的千兆以太网物理层标准是(　　)。

A. 1000BASE-LX　　B. 1000BASE-SX

C. 1000BASE-CX　　D. 1000BASE-T

16. 关于无线网局域网的描述中，错误的是(　　)。

A. 以无线电波作为传输介质　　B. 协议标准是 IEEE 802.11

C. 可完全代替有线局域网　　D. 可支持红外扩频等方式

17. 如果以太网交换机的总带宽为 8.4Gbps，并且具有 22 个全双工百兆端口，则全双工千兆端口数量最多为(　　)。

A. 1 个　　B. 2 个

C. 3 个　　D. 4 个

18. 以太网 MAC 地址的长度是(　　)。

A. 128 位　　B. 64 位

C. 54 位　　D. 48 位

19. 关于千兆以太网的描述中，错误的是(　　)。

A. 数据传输速率是 1Gbps　　B. 网络标准是 IEEE 802.3z

C. 用 MII 隔离物理层与 MAC 子层　　D. 传输介质可采用双绞线与光纤

20. 以下哪种协议属于传输层协议？(　　)

A. UDP　　B. RIP

C. ARP　　D. FTP

21. 传输延时确定的网络拓扑结构是(　　)。

A. 网状拓扑　　B. 树形拓扑

C. 环形拓扑　　D. 星形拓扑

22. 关于计算机网络的描述中，错误的是(　　)。

A. 计算机网络的基本特征是网络资源共享　　B. 计算机网络是联网的自治计算机的集合

C. 联网计算机通信需遵循共同的网络协议　　D. 联网计算机之间需要有明确的主从关系

23. 不属于即时通信的 P2P 应用是(　　)。

A. MSN　　B. Gnutella

C. Skype　　D. ICQ

24. 关于文件系统的描述中，正确的是(　　)。

A. 文件系统独立 OS 的服务功能　　B. 文件系统管理用户

C. 文件句柄是文件打开后的标识　　D. 文件表简称为 BIOS

25. 关于网络操作系统的描述中，错误的是(　　)。

A. 早期 NOS 主要运行于共享介质局域网　　B. 早期 NOS 支持多平台环境

C. HAL 使 NOS 与硬件平台无关　　D. Web OS 是运行于浏览器的虚拟操作系统

26. 关于活动目录的描述中，正确的是(　　)。

A. 活动目录是 Windows 2000 Server 的新功能　　B. 活动目录包括目录和目录数据库两部分

C. 活动目录的管理单位是用户域　　D. 若干个域树形成一个用户域

27. 关于 Linux 操作系统的描述中，错误的是(　　)。

A. Linux 是开源软件，支持多种应用　　B. GNU 的目标是建立完全自由软件

C. Linux 是开源软件，但不是自由软件　　D. Linux 是共享软件，但不是自由软件

28. 关于网络操作系统的描述中，正确的是（　　）。

A. NetWare是一种UNIX操作系统
B. NetWare是Cisco公司的操作系统
C. NetWare以网络打印为中心
D. SUSE Linux是Novell公司的操作系统

29. 在Internet中，网络之间联通常使用的设备是（　　）。

A. 路由器
B. 集线器
C. 工作站
D. 服务器

30. 关于IP协议的描述中，正确的是（　　）。

A. 是一种网络管理协议
B. 采用标记交换方式
C. 提供可靠的数据报传输服务
D. 屏蔽底层物理网络的差异

31. 关于ADSL技术的描述中，错误的是（　　）。

A. 数据传输不需要进行调制解调
B. 上行和下行传输速度可以不同
C. 数据传输可利用现有的电话线
D. 适用于家庭用户使用

32. 如果借用C类IP地址中的4位主机号划分子网，那么子网掩码应该为（　　）。

A. 225.225.255.0
B. 225.225.255.128
C. 225.225.255.192
D. . 225.225.255.240

33. 关于ARP协议的描述中，正确的是（　　）。

A. 请求采用单播方式，应答采用广播方式
B. 请求采用广播方式，应答采用单播方式
C. 请求和应答都采用广播方式
D. 请求和应答都采用单播方式

34. 对IP数据报进行分片的主要目的是（　　）。

A. 适应各个物理网络不同的地址长度
B. 拥塞控制
C. 适应各个物理网络不同的MTU长度
D. 流量控制

35. 回应请求与应答ICMP报文的主要功能是（　　）。

A. 获取本网络使用的子网掩码
B. 报告IP数据报中的出错参数
C. 将IP数据报进行重新定向
D. 测试目的主机或路由器的可达性

36. 关于IP数据报报头的描述中，错误的是（　　）。

A. 版本域表示数据报使用IP协议版本
B. 协议域表示数据要求的服务类型
C. 头部校验和域用于保证IP报头的完整性
D. 生存周期域表示数据报的存活时间

37. 下图路由器R的路由表中，到达网络40.0.0.0的下一跳步的IP地址应为（　　）。

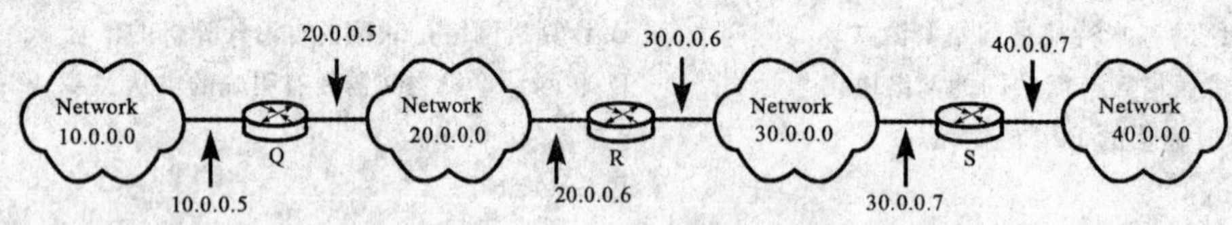

A. 10.0.0.5　　B. 20.0.0.5　　C. 30.0.0.7　　D. 40.0.0.7

38. 关于OSPF和RIP协议中路由信息的广播方式，正确的是（　　）。

A. OSPF向全网广播，RIP仅向相邻路由器广播
B. RIP向全网广播，OSPF仅向相邻路由器广播
C. OSPF和RIP都向全网广播
D. OSPF和RIP都仅向相邻路由器广播

39. 一个IPv6地址为21DA:0000:0000:0000:02AA:000F:FE08:9C5A，如果采用双冒号表示法，那么该IPv6地址可以简写为（　　）。

A. 0x21DA::0x2AA:0xF:0xFE08:0x9C5A
B. 21DA::2AA:F:FE08:9C5A
C. 0h21DA::0h2AA:0hF:0hFE08:0h9C5A
D. 21DA::2AA::F::FE08::9C5A

40. 在客户服务器计算模式中，标识一个特定的服务通常使用（　　）。

A. TCP或UDP端口号
B. IP地址
C. CPU序列号
D. MAC地址

41. 在POP3命令中，PASS的主要功能是（　　）。

A. 转换到被动模式
B. 避免服务器认证

C. 向服务器提供用户密码

D. 删掉过时的邮件

42. 关于远程登录的描述中，错误的是(　　)。

A. 使用户计算机成为远程计算机的仿真终端

B. 客户端和服务端需要使用相同类型的操作系统

C. 使用 NVT 屏蔽不同计算机系统对键盘输入的差异

D. 利用传输层的 TCP 协议进行数据传输

43. 关于 HTTP 协议的描述中，错误的是(　　)。

A. 是 WWW 客户机和服务器之间的传输协议

B. 定义了请求报文和应答报文的格式

C. 定义了 WWW 服务器上存储文件的格式

D. 会话过程通常包括连接、请求、应答和关闭 4 个步骤

44. 为防止 WWW 服务器与浏览器之间传输的信息被第三者监听，可以采取的方法为(　　)。

A. 使用 SSL 对传输的信息进行加密

B. 索取 WWW 服务器的 CA 证书

C. 将 WWW 服务器地址放入浏览器的可信站点区域

D. 严禁浏览器运行 ActiveX 控件

45. 关于 QQ 即时通信的描述中，错误的是(　　)。

A. 支持点对点通信

B. 聊天信息明文传输

C. 支持服务器转发信息

D. 需要注册服务器

46. 根据计算机信息系统安全保护等级划分准则，安全要求最高的防护等级是(　　)。

A. 指导保护级

B. 自主保护级

C. 监督保护级

D. 专控保护级

47. 下面哪种攻击属于非服务攻击？(　　)

A. DNS 攻击

B. 地址欺骗

C. 邮件炸弹

D. FTP 攻击

48. DES 加密算法采用的密钥长度和处理的分组长度分别是(　　)。

A. 64 位和 56 位

B. 都是 64 位

C. 都是 56 位

D. 56 位和 64 位

49. 攻击者不仅已知加密算法和密文，而且可以在发送的信息中插入一段他选择的信息，这种攻击属于(　　)。

A. 唯密文攻击

B. 已知明文攻击

C. 选择明文攻击

D. 选择密文攻击

50. 甲收到一份来自乙的电子订单后，将订单中的货物送达乙时，乙否认自己发送过这一份订单，为了防范这类争议，需要采用的关键技术是(　　)。

A. 数字签名

B. 防火墙

C. 防病毒

D. 身份认证

51. 以下不属于身份认证协议的是(　　)。

A. S/Key

B. X.25

C. X.509

D. Kerberos

52. 关于 PGP 协议的描述中，错误的是(　　)。

A. 支持 RSA 报文加密

B. 支持报文压缩

C. 通过认证中心发布公钥

D. 支持数字签名

53. AES 加密算法不支持的密钥长度是(　　)。

A. 64

B. 128

C. 192

D. 256

54. 下面哪个地址是组播地址？(　　)

A. 202.113.0.36

B. 224.0.1.2

C. 59.67.33.1

D. 127.0.0.1

55. Napster 是哪种 P2P 网络拓扑的典型代表？(　　)

A. 集中式　　B. 分布式非结构化

C. 分布式结构化　　D. 混合式

56. SIP 协议中，哪类消息可包含状态行、消息头、空行和消息体 4 个部分？(　　)

A. 所有消息　　B. 仅一般消息

C. 仅响应消息　　D. 仅请求消息

57. IPTV 的基本技术形态可以概括为视频数字化、播放流媒体和(　　)。

A. 传输 ATM 化　　B. 传输 IP 化

C. 传输组播化　　D. 传输点播化

58. IP 电话系统的 4 个基本组件是：终端设备、网关、MCU 和(　　)。

A. 路由器　　B. 集线器

C. 交换机　　D. 网守

59. 第二代反病毒软件的主要特征是(　　)。

A. 简单扫描　　B. 启发扫描

C. 行为陷阱　　D. 全方位保护

60. 网络全文搜索引擎的基本组成部分是搜索器、检索器、索引器和(　　)。

A. 用户接口　　B. 后台数据库

C. 爬虫　　D. 蜘蛛

二、填空题

1. JPEG 是一种________图像压缩编码的国际标准。
2. 通过购买才能获得授权的正版软件称为________软件。
3. ________是指二进制数据在传输过程中出现错误的概率。
4. 在 OSI 参考模型中，每层可以使用________层提供的服务。
5. 在 IEEE 802 参考模型中，数据链路层分为________子层与 LLC 子层。
6. ________是一种自组织、对等式、多跳的无线网络。
7. TCP 是一种可靠的、面向________的传输层协议。
8. 在广域网中，数据分组传输过程需要进行________选择与分组转发。
9. 内存管理实现内存的________、回收、保护和扩充。
10. UNIX 内核部分包括文件子系统和________控制子系统。
11. 回送地址通常用于网络软件测试和本地机器进程间通信，这类 IP 地址通常是以十进制数________开始的。
12. IP 数据报的源路由选项分为两类，一类为严格源路由，另一类为________源路由。
13. 通过测量一系列的________值，TCP 协议可以估算数据报重发前需要等待的时间。
14. 域名解析有两种方式，一种是反复解析，另一种是________解析。
15. SMTP 的通信过程可以分成三个阶段，它们是连接________阶段、邮件传递阶段和连接关闭阶段。
16. 性能管理的主要目的是维护网络运营效率和网络________。
17. 网络信息安全主要包括两个方面、信息传输安全和信息________安全。
18. 进行 DES 加密时，需要进行________轮的相同函数处理。
19. 网络防火墙的主要类型是包过滤路由器、电路级网关和________级网关。
20. 组播路由协议分为________组播路由协议和域间组播路由协议。

第10套 笔试考试试题

一、选择题

1. 1991年6月中国科学院首先与美国斯坦福大学实现Internet连接，它开始是在(　　)。

A. 电子物理所　　B. 计算技术所

C. 高能物理所　　D. 生物化学所

2. 关于计算机应用的描述中，正确的是(　　)。

A. 嵌入式过程控制装置通常用高档微机实现　　B. 制造业通过虚拟样机测试可缩短投产时间

C. 专家诊断系统已经全面超过著名医生的水平　　D. 超级计算机可以准确进行地震预报

3. 关于客户端机器的描述中，错误的是(　　)。

A. 工作站可以作客户机使用　　B. 智能手机可以作客户机使用

C. 笔记本可以作客户机使用，能无线上网　　D. 台式机可以作客户机使用，不能无线上网

4. 关于计算机配置的描述中，正确的是(　　)。

A. SATA是串行接口硬盘标准　　B. SAS是并行接口硬盘标准

C. LCD是发光二极管显示器　　D. PDA是超便携计算机

5. 关于软件的描述中，错误的是(　　)。

A. 软件由程序与相关文档组成　　B. 系统软件基于硬件运行

C. Photoshop属于商业软件　　D. 微软Office属于共享软件

6. 关于图像压缩的描述中，正确的是(　　)。

A. 图像压缩不容许采用有损压缩　　B. 国际标准大多采用混合压缩

C. 信息编码属于有损压缩　　D. 预测编码属于无损压缩

7. 关于OSI参考模型的描述中，错误的是(　　)。

A. 由ISO组织制定的网络体系结构　　B. 称为开放系统互联参考模型

C. 将网络系统的通信功能分为七层　　D. 模型的底层称为主机－网络层

8. 基于集线器的以太网采用的网络拓扑是(　　)。

A. 树形拓扑　　B. 网状拓扑

C. 星形拓扑　　D. 环形拓扑

9. 关于误码率的描述中，正确的是(　　)。

A. 描述二进制数据在通信系统中的传输出错概率　　B. 用于衡量通信系统在非正常状态下的传输可靠性

C. 通信系统的造价与其对误码率的要求无关　　D. 采用电话线的通信系统不需要控制误码率

10. 在TCP/IP参考模型中，实现进程之间端到端通信的是(　　)。

A. 互联层　　B. 传输层

C. 表示层　　D. 物理层

11. Telnet协议实现的基本功能是(　　)。

A. 域名解析　　B. 文件传输

C. 远程登录　　D. 密钥交换

12. 关于交换式局域网的描述中，正确的是(　　)。

A. 支持多个结点的并发连接　　B. 采用的核心设备是集线器

C. 采用共享总线方式发送数据　　D. 建立在虚拟局域网基础上

13. IEEE 802.3u标准支持的最大数据传输速率是(　　)。

A. 10Gbps　　B. 1Gbps

C. 100Mbps　　D. 10Mbps

14. 以太网的帧数据字段的最小长度是(　　)。

A. 18B　　B. 46B

C. 64B　　D. 1500B

15. 关于无线局域网的描述中,错误的是(　　)。

A. 采用无线电波作为传输介质　　B. 可以作为传统局域网的补充

C. 可以支持 1Gbps 的传输速率　　D. 协议标准是 IEEE 802.11

16. 以下 P2P 应用中,属于文件共享服务的是(　　)。

A. Gnutella　　B. Skype

C. MSN　　D. ICQ

17. 关于千兆以太网物理层标准的描述中,错误的是(　　)。

A. 1000BASE-T 支持非屏蔽双绞线　　B. 1000BASE-CX 支持无线传输介质

C. 1000BASE-LX 支持单模光纤　　D. 1000BASE-SX 支持多模光纤

18. 随机争用型的介质访问控制方法起源于(　　)。

A. ARPANET　　B. Telenet

C. DATAPAC　　D. ALOHA

19. 关于 IEEE 802 参考模型的描述中,正确的是(　　)。

A. 局域网组网标准是其重要研究方面　　B. 对应 OSI 参考模型的网络层

C. 实现介质访问控制的是 LLC 子层　　D. 核心协议是 IEEE 802.15

20. 以下网络设备中,可能引起广播风暴的是(　　)。

A. 网关　　B. 网桥

C. 防火墙　　D. 路由器

21. 关于网络应用的描述中,错误的是(　　)。

A. 博客是一种信息共享技术　　B. 播客是一种数字广播技术

C. 对等计算是一种即时通信技术　　D. 搜索引擎是一种信息检索技术

22. 支持电子邮件发送的应用层协议是(　　)。

A. SNMP　　B. RIP

C. POP　　D. SMTP

23. 关于 TCP/IP 参考模型的描述中,错误的是(　　)。

A. 采用四层的网络体系结构　　B. 传输层包括 TCP 与 ARP 两种协议

C. 应用层是参考模型中的最高层　　D. 互联层的核心协议是 IP 协议

24. 关于操作系统的描述中,正确的是(　　)。

A. 由驱动程序和内存管理组成　　B. 驱动程序都固化在 BIOS 中

C. 内存管理通过文件系统实现　　D. 文件句柄是文件的识别依据

25. 关于网络操作系统的描述中,错误的是(　　)。

A. 早期网络操作系统支持多硬件平台　　B. 当前网络操作系统具有互联网功能

C. 硬件抽象层与硬件平台无关　　D. 早期网络操作系统不集成浏览器

26. 关于 Windows 2000 Server 的描述中,正确的是(　　)。

A. 保持了传统的活动目录管理功能　　B. 活动目录包括目录和目录服务两部分

C. 活动目录的逻辑单位是域　　D. 活动目录的管理单位是组织单元

27. 关于 UNIX 操作系统产品的描述中,错误的是(　　)。

A. IBM 的 UNIX 是 AIX　　B. HP 的 UNIX 是 HP－UX

C. SUN 的 UNIX 是 Solaris　　D. SCO 的 UNIX 是 UNIX BSD

28. 关于 Linux 操作系统的描述中,正确的是(　　)。

A. 内核代码与 UNIX 相同　　B. 开放源代码的共享软件

C. 图形用户界面有 KDE 和 GNOME　　D. 红帽 Linux 也称为 SUSE Linux

29. 在 Internet 中,网络互联采用的协议为(　　)。

A. ARP　　B. IPX

C. SNMP　　D. IP

30. 关于网络接入技术的描述中,错误的是(　　)。

A. 传统电话网的接入速率通常较低　　B. ADSL 的数据通信不影响语音通信

C. HFC 的上行和下行速率可以不同　　D. DDN 比较适合家庭用户使用

31. 关于互联网的描述中,错误的是(　　)。

A. 隐藏了底层物理网络细节　　B. 不要求网络之间全互联

C. 可随意丢弃报文而不影响传输质量　　D. 具有统一的地址描述法

32. 关于 ICMP 差错控制报文的描述中,错误的是(　　)。

A. 不享受特别优先权　　B. 需要传输至目的主机

C. 包含故障 IP 数据报报头　　D. 伴随抛弃出错数据报产生

33. IPv6 数据报的基本报头(不包括扩展头)长度为(　　)。

A. 20B　　B. 30B

C. 40B　　D. 50B

34. 关于 IPv6 地址自动配置的描述中,正确的是(　　)。

A. 无状态配置需要 DHCPv6 支持,有状态配置不需要

B. 有状态配置需要 DHCPv6 支持,无状态配置不需要

C. 有状态和无状态配置都需要 DHCPv6 支持

D. 有状态和无状态配置都不需要 DHCPv6 支持

35. 在下图显示的互联网中,如是主机 A 发送的一个目的地址为 255.255.255.255 的 IP 数据报,那么有可能接收到该数据报的设备为(　　)。

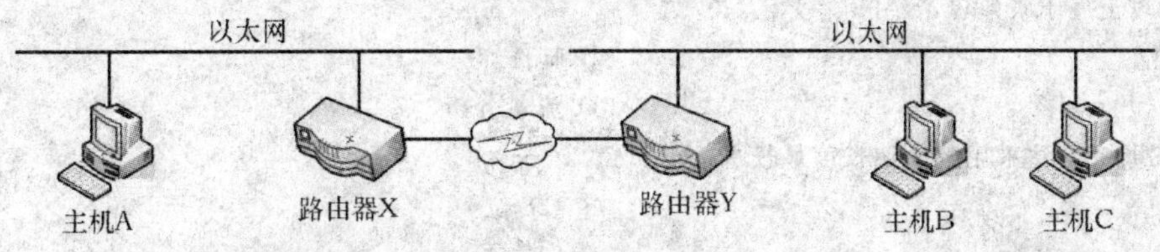

A. 路由器 X　　B. 路由器 Y　　C. 主机 B　　D. 主机 C

36. 下表为一路由器的路由表,如果该路由器接收到目的地址 10.8.1.4 的 IP 数据报,那么它采取的动作为(　　)。

子网掩码	要到达的网络	下一路由器
255.255.0.0	10.2.0.0	直接投递
255.255.0.0	10.3.0.0	直接投递
255.255.0.0	10.1.0.0	10.2.0.5
255.255.0.0	10.4.0.0	10.3.0.7

A. 直接投递　　B. 抛弃

C. 转发至 10.2.0.5　　D. 转发至 10.3.0.7

37. 在目前使用的 PIP 中,通常使用以下(　　)参数表示距离?

A. 带宽　　B. 延迟

C. 跳数　　D. 负载

38. 关于 TCP 提供服务的描述中,错误的是(　　)。

A. 全双工　　B. 不可靠

C. 面向连接　　D. 流接口

39. TCP 协议在重发数据前需要等待的时间为(　　)。

A. 1ms　　B. 1s

C. 10s　　D. 动态估算

40. 在客户/服务器计算模式中，响应并发请求通常采取的两种方法是(　　)。

A. 递归服务器与反复服务器　　B. 递归服务器与并发服务器

C. 反复服务器与重复服务器　　D. 重复服务器与并发服务器

41. 在 DNS 系统的资源记录中，类型"MX"表示(　　)。

A. 主机地址　　B. 邮件交换机

C. 主机描述　　D. 授权开始

42. 在使用 FTP 下载文件时，为了确保下载保存的文件与原始文件一一对应，用户应使用的命令为(　　)。

A. binary　　B. ascii

C. passive　　D. cdup

43. 关于 WWW 服务系统的描述中，错误的是(　　)。

A. 采用客户/服务器计算模式　　B. 传输协议为 HTML

C. 页面到页面的连接由 URL 维持　　D. 客户端应用程序称为浏览器

44. 在使用 SSL 对浏览器与服务器之间的信息进行加密时，会话密钥由(　　)。

A. 浏览器生成　　B. 用户自己指定

C. 服务器生成　　D. 网络管理员指定

45. 以下不属于网络管理对象的是(　　)。

A. 物理介质　　B. 通信软件

C. 网络用户　　D. 计算机设备

46. 关于 CMIP 的描述中，正确的是(　　)。

A. 由 IETF 制定　　B. 主要采用轮询机制

C. 结构简单，易于实现　　D. 支持 CMIS 服务

47. 以下哪种攻击属于服务攻击？(　　)。

A. 源路由攻击　　B. 邮件炸弹

C. 地址欺骗　　D. 流量分析

48. 目前 AES 加密算法采用的密钥长度最长是(　　)。

A. 64 位　　B. 128 位

C. 256 位　　D. 512 位

49. 以下哪种算法是公钥加密算法？(　　)。

A. Blowfish　　B. RCS

C. 三重 DES　　D. ElGamal

50. 甲要发给乙一封信，他希望信的内容不会被第三方了解和篡改，需要(　　)。

A. 仅加密信件明文，将得到的密文传输

B. 对加密后的信件生成消息认证码，将密文和消息认证码一起传输

C. 对明文生成消息认证码，加密附有消息认证码的明文，将得到的密文传输

D. 对明文生成消息认证码，将明文与消息认证码一起传输

51. 以下属于身份认证协议的是(　　)。

A. S/Key　　B. IPSec

C. S/MIME　　D. SSL

52. 关于 PGP 安全电子邮件协议的描述中，正确的是(　　)。

A. 数字签名采用 MD5　　B. 压缩采用 ZIP

C. 报文加密采用 AES　　D. 不支持报文分段

53. 用户每次打开 Word 程序编辑文档时，计算机都把文档传送到一台 FTP 服务器，因此可以怀疑 Word 程序已被植入了(　　)。

A. 蠕虫病毒　　B. 特洛伊木马

C. FTP 服务器　　D. 陷门

54. 以下哪个不是密集模式组播路由协议？(　　)

A. DVMRP　　B. MOSPF

C. PIM-DM　　D. CBT

55. Skype 是哪种 P2P 网络拓扑的典型代表？(　　)

A. 集中式　　B. 分布式非结构化

C. 分布式结构化　　D. 混合式

56. 即时通信系统工作于中转通信模式时，客户端之间交换的信息一定包含(　　)。

A. 目的地电话号码　　B. 用户密码

C. 请求方唯一标识　　D. 服务器域名

57. IPTV 的基本技术形态可概括为视频数字化、传输 IP 化和(　　)。

A. 传输 ATM 化　　B. 播放流媒体化

C. 传输组播化　　D. 传输点播化

58. SIP 系统的四个基本组件为用户代理、代理服务器、重定向服务器和(　　)。

A. 路由器　　B. 交换机

C. 网关　　D. 注册服务器

59. 数字版权管理主要采用的技术为数字水印、版权保护、数字签名和(　　)。

A. 认证　　B. 访问控制

C. 数据加密　　D. 防篡改

60. SIMPLE 是对哪个协议的扩展？(　　)

A. XMPP　　B. JABBER

C. MSNP　　D. SIP

二、填空题

1. 精简指令系统计算机的英文缩写是________。

2. Authorware 是多媒体________软件。

3. 在网络协议的三个要素中，________用于定义动作与响应的实现顺序。

4. 在 OSI 参考模型中，同一结点的相邻层之间通过________通信。

5. 数据传输速率为 6×10^7 bps，可以记为________ Mbps。

6. 无线局域网的介质访问控制方法的英文缩写为________。

7. 万兆以太网采用________作为传输介质。

8. 在 TCP/IP 参考模型中，支持无连接服务的传输层协议是________。

9. Windows Server 2003 的四个版本为 Web 版、标准版、企业版和________版。

10. 图形用户界面的英文缩写是________。

11. 如果借用 C 类 IP 地址中的 3 位主机号部分划分子网，则子网掩码应该为________。(请采用点分十进制法表示)

12. IP 数据报选项由选项码、________和选项数据三部分组成。

13. OSPF 属于链路________路由选择算法。

14. Telnet 利用________屏蔽不同计算机系统对键盘输入解释的差异。

15. POP3 的通信过程可以分成三个阶段：认证阶段、________阶段和更新关闭阶段。

16. 计费管理的主要目的是控制和________网络操作的费用和代价。

17. 网络的信息安全主要包括两个方面：存储安全和________安全。

18. X.800 将安全攻击分为主动攻击和________攻击。

19. 网络防火墙的主要类型为包过滤路由器、应用级网关和________网关。

20. 域内组播路由协议可分为密集模式和________模式。

第11套 笔试考试试题

一、选择题

1. 多媒体版本的“清明上河图”分成54个场景进行高分辨率扫描，每个场景约为58.3MB，那么全图所需的存储容量是（　　）。

A. 1.15GB　　B. 2.15GB

C. 3.15GB　　D. 4.15GB

2. 关于计算机发展阶段的描述中，正确的是（　　）。

A. 最早批量生产的大型主机是UNIVAC　　B. 著名的小型机是DG公司的PDP系列

C. 最早的微型机是IBM-PC　　D. 流行的小型机是DEC公司的Nova系列

3. 关于服务器机器的描述中，错误的是（　　）。

A. 企业级服务器是高端服务器　　B. 服务器按体系结构分为RISC、CISC和VLIW三种

C. 入门级服务器不能提供E-mail服务　　D. 采用刀片式服务器可以实现高密度的结构

4. 关于计算机技术指标的描述中，正确的是（　　）。

A. 奔腾芯片是32位的，双核奔腾芯片是64位的　　B. 平均浮点指令执行速度的单位是MIPS

C. 单字长定点指令平均执行速度的单位是MFLOPS　　D. 平均无故障时间指多长时间系统发生一次故障

5. 关于软件开发的描述中，错误的是（　　）。

A. 软件开发包括计划、开发、运行三个阶段　　B. 程序由指令序列组成，采用自然语言编写

C. 开发前期包括需求分析、总体设计、详细设计　　D. 运行阶段主要是进行软件维护

6. 关于数据压缩的描述中，正确的是（　　）。

A. 多媒体信息存在许多数据冗余　　B. 图像压缩不容许采用有损压缩

C. 熵编码法属于有损压缩　　D. 国际标准大多采用单一压缩方法

7. 关于OSI参考模型的描述中，正确的是（　　）。

A. 不同结点的不同层通过协议通信　　B. 高层需要知道低层的实现方法

C. 不同结点的同等层具有相同功能　　D. 高层通过接口为低层提供服务

8. 如果网络结点传输1B的数据需要1×10^{9}s，则该网络的数据传输速率为（　　）。

A. 8Mbps　　B. 80Mbps

C. 800Mbps　　D. 8Gbps

9. 关于以太网帧结构的描述中，错误的是（　　）。

A. 数据字段保存高层待发的数据　　B. 前导码字段的长度计入帧头长度

C. 类型字段表示协议类型　　D. 目的地址字段是目的结点的硬件地址

10. 在TCP/IP参考模型中，与OSI参考模型的网络层对应的是（　　）。

A. 主机－网络层　　B. 传输层

C. 互联层　　D. 应用层

11. FTP协议实现的基本功能是（　　）。

A. 文件传输　　B. 域名解析

C. 邮件接收　　D. 网络管理

12. 关于百兆以太网的描述中，正确的是（　　）。

A. 只支持屏蔽双绞线与光纤　　B. 协议标准是IEEE 802.3u

C. 通常称为交换式以太网　　D. 介质独立接口缩写为GMII

13. IEEE 802.11支持的网络类型是（　　）。

A. 光纤传感网　　B. 无线VPN

C. 无线广域网　　D. 无线局域网

14. 关于计算机网络的描述中,错误的是(　　)。

A. 主要目的是实现计算机资源的共享

B. 联网计算机可以访问本地与远程资源

C. 联网计算机之间有明显的主从关系

D. 联网计算机遵循相同的网络协议

15. 以太网帧数据字段的最大长度是(　　)。

A. 1518 字节

B. 1500 字节

C. 1024 字节

D. 1000 字节

16. 以下 P2P 应用中,不属于即时通信服务的是(　　)。

A. QQ

B. Napster

C. ICQ

D. Skype

17. 关于传统以太网的描述中,错误的是(　　)。

A. 它是典型的总线型局域网

B. 需要解决介质访问控制问题

C. 属于共享介质类型的局域网

D. 只支持双绞线作为传输介质

18. 1000 BASE-T 标准支持的传输介质是(　　)。

A. 非屏蔽双绞线

B. 同轴电缆

C. 单模光纤

D. 多模光纤

19. 如果交换机有 12 个百兆的半双工端口与两个千兆的全双工端口,则交换机的最大带宽可以达到(　　)。

A. 3.2Gbps

B. 4.4Gbps

C. 5.2Gbps

D. 6.4Gbps

20. 关于 TCP/IP 参考模型的描述中,正确的是(　　)。

A. 采用 7 层网络体系结构

B. 传输层只提供 TCP 服务

C. 物理层是参考模型的最高层

D. 互联层的核心协议是 IP 协议

21. 在 OSI 参考模型中,提供路由选择功能的是(　　)。

A. 物理层

B. 网络层

C. 会话层

D. 应用层

22. 在网络协议的要素中,规定控制信息格式的是(　　)。

A. 时序

B. 语义

C. 接口

D. 语法

23. 关于交换式局域网的描述中,错误的是(　　)。

A. 核心设备是局域网交换机

B. 支持多结点之间的并发连接

C. 需通过广播方式发送数据

D. 通常可提供虚拟局域网服务

24. 关于操作系统的描述中,正确的是(　　)。

A. 分时器可实现操作系统的多任务调度

B. 一个线程可以包括一个或多个执行进程

C. 线程通常包括使用的存储空间和寄存器资源

D. 进程不需包括使用的存储空间和寄存器资源

25. 关于网络操作系统(NOS)发展的描述中,错误的是(　　)。

A. 早期 NOS 主要运行于共享介质局域网

B. 早期 NOS 的典型代表是 IBM 的 SNA

C. 后期 NOS 大多支持 TCP/IP

D. 后期 Web OS 是浏览器应用程序的集合

26. 关于 Windows Server 的描述中,正确的是(　　)。

A. Windows NT Server 不支持互联网

B. Windows 2000 Server 提供活动目录服务

C. Windows 2003 Server 的实质改进是放弃.NET 架构

D. Windows 2008 Server 采用基于模拟器的虚拟化技术

27. 关于 Linux 操作系统的描述中,错误的是(　　)。

A. Linux 是开放性的自由软件

B. Linux 支持多任务、多用户

C. Linux 的图形界面有 KDE 和 GNOME

D. Linux 不具有标准的兼容性

28. 关于 UNIX 操作系统的描述中，正确的是(　　)。

A. 单用户、多任务操作系统　　B. 系统结构由内核与外壳组成

C. 采用星形目录结构　　D. 大部分由 Pascal 语言编写

29. 关于 Internet 的描述中，错误的是(　　)。

A. 是一个局域网　　B. 是一个信息资源网

C. 是一个互联网　　D. 运行 TCP/IP

30. 关于 ADSL 的描述中，错误的是(　　)。

A. 传输数据需要进行调制解调　　B. 用户之间共享电话线路

C. 上下行速率可以不同　　D. 可充分利用电话线路

31. 在 Internet 中，不需要运行 IP 协议的设备是(　　)。

A. 单网卡主机　　B. 多网卡主机

C. 集线器　　D. 路由器

32. 关于 Internet 中互联层的描述中，错误的是(　　)。

A. 屏蔽物理网络的细节　　B. 使用统一的地址描述方法

C. 平等对待每个物理网络　　D. 要求物理网络之间全互联

33. 如果主机的 IP 地址为 25.36.8.6，子网掩码为 255.255.0.0，那么该主机所属的网络(包括子网)为(　　)。

A. 25.36.8.0　　B. 25.36.0.0

C. 25.0.0.0　　D. 0.0.0.0

34. 关于 ARP 协议的描述中，错误的是(　　)。

A. 可将 IP 地址映射为 MAC 地址　　B. 请求报文采用广播方式

C. 采用计时器保证 ARP 表的安全性　　D. 应答报文采用单播方式

35. 在 IP 数据报中，片偏移字段表示本片数据在初始 IP 数据报数据区的位置，该偏移量以多少字节为单位？(　　)。

A. 2　　B. 4　　C. 8　　D. 10

36. 下表为一路由器的路由表。如果该路由器接收到源 IP 地址为 10.2.56.79，目的 IP 地址为 10.2.1.4 的 IP 数据报，那么它将该数据报投递到(　　)。

子网掩码	要到达的网络	下一路由器
255.255.0.0	10.2.0.0	直接投递
255.255.0.0	10.3.0.0	直接投递
255.255.0.0	10.1.0.0	10.2.0.5
255.255.0.0	10.4.0.0	10.3.0.7

A. 10.2.0.5　　B. 10.3.0.7　　C. 10.2.56.79　　D. 10.2.1.4

37. 关于 ICMP 差错控制报文的描述中，错误的是(　　)。

A. 具有较高的优先级　　B. 包含故障 IP 数据报报头

C. 伴随着抛弃出错数据报而产生　　D. 包含故障报文的部分数据区

38. 关于 TCP 的描述中，错误的是(　　)。

A. 提供全双工服务　　B. 采用重发机制实现流量控制

C. 采用三次握手确保连接建立　　D. 采用自适应方法确定重发前等待时间

39. 在客户/服务器模式中，为了解决多客户同时请求的问题，服务器可以建立一个请求队列。客户的请求到达后在队列中排队，服务器按照先进先出的原则进行响应。这种方案被称为(　　)。

A. 并发服务器方案　　B. 递归服务器方案

C. 重复服务器方案　　D. 持续服务器方案

40. 在域名服务器的资源记录中，类型“A”表示(　　)。

A. 邮件交换机　　B. 别名

C. 指针　　D. 主机地址

41. 如果用户希望登录到远程服务器,暂时成为远程服务器的一个仿真终端,那么可以使用远程主机提供的(　　)。

A. Telnet 服务　　B. E-mail 服务
C. FTP 服务　　D. DNS 服务

42. POP3 服务器使用的守候端口是(　　)。

A. TCP 的 25 端口　　B. TCP 的 110 端口
C. UDP 的 25 端口　　D. UDP 的 110 端口

43. 关于 WWW 服务系统的描述中,错误的是(　　)。

A. 采用客户/服务器模式　　B. 页面间的链接信息由 URL 维持
C. 页面采用 HTTP 语言编写　　D. 客户端应用程序称为浏览器

44. 为了向 WWW 服务器证实自己的身份,浏览器需要(　　)。

A. 将访问的服务器放入可信站点区域　　B. 将访问的服务器放入受限站点区域
C. 在通信时要求服务器发送 CA 数字证书　　D. 在通信前安装 CA 数字证书

45. 关于网络配置管理的描述中,错误的是(　　)。

A. 基本功能包括资源清单管理　　B. 可根据要求收集系统状态信息
C. 只在系统建设时短期工作　　D. 可更改系统的配置

46. 关于 SNMP 协议的描述中,正确的是(　　)。

A. SNMP 是 ITU 制定的　　B. SNMP 只采用轮询机制
C. SNMP 结构简单,易于实现　　D. SNMP 只工作于 TCP/IP 环境

47. 以下哪种攻击属于被动攻击?(　　)。

A. DDoS　　B. 网络嗅探
C. 地址欺骗　　D. 消息重放

48. Blowfish 加密算法的分组长度是(　　)。

A. 64 位　　B. 128 位
C. 256 位　　D. 512 位

49. 以下哪种算法是公钥加密算法?(　　)。

A. Blowfish 算法　　B. AES 算法
C. 三重 DES　　D. RSA 算法

50. 关于 X.509 证书的描述中,正确的是(　　)。

A. 顺序号是证书的唯一标识　　B. 合法时期 CA 的有效期
C. 版本指证书软件的版本号　　D. 证书由用户进行数字签名

51. 以下不属于身份认证协议的是(　　)。

A. S/Key 协议　　B. 口令认证
C. S/MIME　　D. Kerberos

52. 关于 PGP 安全电子邮件协议的描述中,正确的是(　　)。

A. 数字签名采用 MD5　　B. 压缩采用 RAR
C. 报文加密采用 AES　　D. 支持报文分段

53. 关于 IPSec 的描述中,正确的是(　　)。

A. AH 协议提供加密服务　　B. ESP 协议比 AH 协议更简单
C. ESP 协议提供身份认证　　D. IPSec 在传输层提供服务

54. 以下哪个不是 IP 组播的特点?(　　)。

A. 发送方必须是组成员　　B. 使用组播地址
C. 组成员是动态的　　D. 可利用底层硬件

55. 关于组播路由协议的描述中,正确的是(　　)。

A. 组播路由协议分为域内组播和域间组播协议　　B. 域间组播路由协议分为密集模式和稀疏模式
C. 密集模式组播路由协议适用于大规模网络　　D. 组播路由协议不需要获得网络拓扑结构

56. 关于非结构化 P2P 网络的描述中，错误的是(　　)。

A. 支持带有规则表达式的多关键字查询和模糊查询
B. 在大规模网络中具有很高的查询效率
C. 无法保证查找资源的确定性
D. 采用类似于 TTL 的机制决定是否转发消息

57. 关于即时通信系统的描述中，正确的是(　　)。

A. 视频聊天数据通常以 TCP 报文传输
B. 通常具有文件传输功能
C. 消息的发送和接收必须通过服务器中转
D. 不同的即时通信系统都互相兼容

58. SIP 系统的四个基本组件为注册服务器、代理服务器、重定向服务器和(　　)。

A. 路由器
B. 交换机
C. 网守
D. 用户代理

59. 以下哪个不是 IP 电话系统的基本组件？(　　)。

A. 终端设备
B. 网守
C. 网关
D. 网管服务器

60. 关于 XMPP 协议的描述中，正确的是(　　)。

A. 由 ITU 制定
B. 采用分布式网络结构
C. 客户端复杂
D. 采用本地选址方案

二、填空题

1. 与奔腾处理器竞争的主要是________公司的皓龙等处理器。

2. 流媒体将音频、________及 3D 等多媒体文件经特殊压缩后传送。

3. 在数据传输系统中，表示二进制码元传输出错概率的参数是________。

4. 在 IEEE 802 参考模型中，MAC 层实现________访问控制功能。

5. 当前广域网采用的拓扑结构多数是________拓扑。

6. 无线局域网的英文缩写为________。

7. 网桥是在________层实现网络互联的设备。

8. CSMA/CD 的工作流程为：先听后发、边听边发、冲突停止、延迟________。

9. Windows 2000 Server 的基本管理单位是________。

10. Linux 操作系统由内核、外壳、________和应用程序四部分组成。

11. 一台主机的 IP 地址为 202.93.121.68，子网掩码为 255.255.255.0。如果该主机需要向子网掩码为 255.255.255.0 的 202.94.121.0 网络进行直接广播，那么它应使用的目的 IP 地址为________。(请用点分十进制法表示)

12. RIP 协议中表示距离的参数为________。

13. IPv6 地址可分为________地址、组播地址、任播地址与特殊地址。

14. FTP 支持两种文件传输方式：二进制文件传输和________文件传输。

15. 在 HTML 语言中，<IMG>标记用于表示________。

16. 网络计费管理的主要目的是控制和监测网络操作的________。

17. 网络性能管理的主要目的是维护网络________和网络运营效率。

18. X.800 安全框架主要包括：安全攻击、安全机制和安全________。

19. 信息完整性的认证方法可采用消息认证码和篡改________。

20. IGMPv2 在 IGMPv1 的基础上添加组成员________机制。

第 3 章 上机考试试题

第 1 套 上机考试试题

已知在文件 IN. DAT 中存有 100 个产品销售记录，每个产品销售记录由产品代码 dm(字符型 4 位)、产品名称 mc(字符型 10 位)、单价 dj(整型)、数量 sl(整型)、金额 je(长整型)五部分组成。其中，金额＝单价×数量计算。函数 ReadDat()读取这 100 个销售记录并存入结构数组 sell 中。请编制函数 SortDat()，其功能要求如下：按产品名称从小到大进行排列，若产品名称相等，则按金额从小到大进行排列，最终排列结果仍存入结构数组 sell 中，最后调用函数 WriteDat()把结果输出到文件 OUT5. DAT 中。

注意：部分源程序已给出。请勿改动主函数 main()、读数据函数 ReadDat()和输出数据函数 WriteDat()的内容。

试题程序：

```
#include <stdio.h>
#include <mem.h>
#include <string.h>
#include <conio.h>
#include <stdlib.h>
#define MAX 100
typedef struct
{
 char dm[5];  /*产品代码*/
 char mc[11];  /*产品名称*/
 int dj;  /*单价*/
 int sl;  /*数量*/
 long je;  /*金额*/
}
PRO;
PRO sell[MAX];
void ReadDat();
void WriteDat();
void SortDat()
{
}
void main()
{
 memset(sell,0,sizeof(sell));
 ReadDat();
 SortDat();
 WriteDat();
}
void ReadDat()
{
 FILE *fp;
 char str[80],ch[11];
 int i,
 fp=fopen("IN.DAT","r");
 for(i=0;i<100;i++)
 {
  fgets(str,80,fp);
  memcpy(sell[i].dm,str,4);
  memcpy(sell[i].mc,str+4,10);
  memcpy(ch,str+14,4);ch[4]=0;
  sell[i].dj=atoi(ch);
  memcpy(ch,str+18,5);ch[5]=0;
  sell[i].sl=atoi(ch);
  sell[i].je=(long)sell[i].dj*sell[i].sl;
 }
 fclose(fp);
}
void WriteDat()
{
 FILE *fp;
 int i;
 fp=fopen("OUT5.DAT","w");
 for(i=0;i<100;i++)
 {
  printf("%s %s %4d %5d %5d\n",sell[i].dm,sell
  [i].mc,sell[i].dj,sell[i].sl,sell[i].je);
  fprintf(fp,"%s %s %4d %5d %5d\n", sell[i].dm,
  sell[i].mc,sell[i].dj,sell[i].sl,sell[i].je);
 }
 fclose(fp);
}
```

第 2 套 上机考试试题

请编制函数 ReadDat()实现从文件 IN.DAT 中读取 1000 个十进制整数到数组 xx 中；请编制函数 Compute()分别计算出 xx 中偶数的个数 even，奇数的平均值 ave1，偶数的平均值 ave2 以及方差 totfc 的值，最后调用函数 WriteDat()把结果输出到 OUT.DAT 文件中。

计算方差的公式如下：

$$totfc=1/N\sum_{i=1}^{N}(xx[i]-ave2)^2$$

设 N 为偶数的个数，xx[i]为偶数，ave2 为偶数的平均值。

原始数据文件存放的格式是：每行存放 10 个数，并用逗号隔开(每个数均大于 0 且小于等于 2000)。

注意：部分源程序已给出。请勿改动主函数 main()和输出数据函数 WriteDat()的内容。

试题程序：

```
#include <stdio.h>
#include <stdlib.h>
#include <string.h>
#define MAX 1000
int xx[MAX],odd=0,even=0;
double ave1=0.0,ave2=0.0,totfc=0.0;
void WriteDat(void);
int ReadDat(void)
{int i;
 FILE *fp;
 if((fp=fopen("IN.DAT","r"))==NULL) return 1;
 /***编制函数 ReadDat()的部分***/


 /*********************/
 fclose(fp);
 return 0;
}
void Compute(void)
{ int i,yy[MAX];
  for(i=0;i<MAX;i++)
  yy[i]=0;
  for(i=0;i<MAX;i++)
  if(xx[i]%2==0)   //测试结点 i 是否是偶数}
{ yy[even++]=xx[i];  //将结点 i 存入数组 yy 中
  ave2+=xx[i];}  //将结点 i 累加存入 ave2 中
else
//如果结点 i 不是偶数
{ odd++;  //累加变量 odd 记录奇数数的个数
  ave1+=xx[i];}  //将 xx[i]累加存入 ave1 中
  if(odd==0) ave1=0;
  else ave1/=odd;  //计算奇数数的平均数
  if(even==0) ave2=0;
  else ave2/=even;  //计算偶数数的平均数
  for(i=0;i<even;i++)
  totfc+=(yy[i]-ave2)*(yy[i]-ave2)/even;
}
void main()
{
 int i;
 for(i=0;i<MAX;i++)   xx[i]=0;
 if(ReadDat())
 {
  printf("数据文件 IN.DAT 不能打开！\007\n");
  return;
 }
 Compute();
 printf("EVEN=%d\nAVE1=%f\nAVER2=%f\nTOTFC=%f\n",even,ave1,ave2,totfc);
 WriteDat();
}
void WriteDat(void)
{
 FILE *fp;
 int i;
 fp=fopen("OUT.DAT","w");
 fprintf(fp,"%d\n%f\n%f\n%f\n",even,ave1,ave2,totfc);
 fclose(fp);
}
```

第3套 上机考试试题

已知在文件 IN.DAT 中存有 100 个产品销售记录，每个产品销售记录由产品代码 dm(字符型 4 位)、产品名称 mc(字符型 10 位)、单价 dj(整型)、金额(长整型)5 部分组成。其中，金额＝单价×数量。函数 ReadDat()是读取这 100 个销售记录并存入结构数组 sell 中。请编制函数 SortDat()，其功能要求：按金额从大到小进行排列，若金额相同，则按产品代码从大到小进行排列，最终排列结果仍存入结构数组 sell 中，最后调用函数 WriteDat()把结果输出到文件 OUT4.DAT 中。

注意：部分源程序已给出。

请勿改动主函数 main()、读数据函数 ReadDat()和输出数据函数 WriteDat()的内容。

试题程序：

```
#include <stdio.h>
#include <string.h>
#include <conio.h>
#include <stdlib.h>
#define MAX 100
typedef struct
{
    char dm[5]; /*产品代码*/
    char mc[11]; /*产品名称*/
    int dj; /*单价*/
    int sl; /*数量*/
    long je; /*金额*/
}
PRO;
PRO sell[MAX];
void ReadDat();
void WriteDat();
void SortDat()
{
}
void main()
{
    memset(sell,0,sizeof(sell));
    ReadDat();
    SortDat();
    WriteDat();
}
void ReadDat()
{
    FILE *fp;
    char str[80],ch[11];
    int i;
    fp=fopen("IN.DAT","r");
    for(i=0;i<MAX;i++)
    {
        fgets(str,80,fp);
        memcpy(sell[i].dm,str,4);
        memcpy(sell[i].mc,str+4,10);
        memcpy(ch,str+14,4);ch[4]=0;
        sell[i].dj=atoi(ch);
        memcpy(ch,str+18,5);ch[5]=0;
        sell[i].sl=atoi(ch);
        sell[i].je=(long)sell[i].dj*sell[i].sl;
    }
    fclose(fp);
}
void WriteDat(void)
{
    FILE *fp;
    int i;
    fp=fopen("OUT4.DAT","w");
    for(i=0;i<MAX;i++)
    {
        printf("%s %s %4d %5d %5d\n", sell[i].dm,
        sell[i].mc,sell[i].dj,sell[i].sl,sell[i].je);
        fprintf(fp,"%s %s %4d %5d %5d\n", sell[i].
        dm,sell[i].mc,sell[i].dj,sell[i].sl,sell[i].je);
    }
    fclose(fp);
}
```

第 4 套 上机考试试题

补充函数,要求实现如下功能:寻找并输出 11~999 之间的数 m,使得 m、m^2、m^3 均为回文数(回文数是指各位数字左右对称的整数),例如:12321、505、1458541 等。满足上述条件的数如 m=11 时,m^2=121,m^3=1331 都是回文数。请编写 jsValue(long m)实现此功能。如果是回文数,则函数返回 1,不是则返回 0。最后,把结果输出到文件 OUT.DAT 中。

注意:部分源程序已经给出。请勿改动主函数 main()中的内容。

试题程序:

```
#include <string.h>
#include <stdio.h>
#include <stdlib.h>
int jsValue(long n)
{
}
main()
{
    long m;
    FILE *out;
    out=fopen("OUT.DAT","w");
    for(m=11;m<1000;m++)
    if(jsValue(m)&&jsValue(m*m)&&jsValue(m*
    m*m))
    {
        printf("m=%4ld,m*m=%6ld,m*m*m=%
        8ld\n",m,m*m,m*m*m);
        fprintf(out,"m=%4ld,m*m=%6ld,m*m*m
        =%8ld\n",m,m*m,m*m*m);}
    fclose(out);}
```

第 5 套 上机考试试题

请编制函数 ReadDat()实现从文件 IN.DAT 中读取 1000 个十进制整数到数组 xx 中;请编制函数 Compute()分别计算出 xx 中奇数的个数 odd,

奇数的平均值 ave1,偶数的平均值 ave2 以及所有奇数的方差 totfc 的值,最后调用函数 WriteDat()把结果输出到 OUT.DAT 文件中。

计算方差的公式如下:

totfc=1/N

设 N 为奇数的个数,xx[i]为奇数,ave1 为奇数的平均值。

原始数据文件存放的格式是:每行存放 10 个数,并用逗号隔开(每个数均大于 0 且小于等于 2000)。

注意:部门源程序已给出。请勿改动主函数 main()和输出数据函数 WriteDat()的内容。

试题程序:

```
#include <stdio.h>
#include <stdlib.h>
#include <string.h>
#define MAX 1000
int xx[MAX],odd=0,even=0;
double ave1=0.0,ave2=0.0,totfc=0.0;
void WriteDat(void);
int ReadDat(void)
{
    int i;
    FILE *fp;
    if((fp = fopen ( " IN. DAT"," r")) = = NULL)
    return 1;
    /*********编制函数 ReadDat()的部分*
    ************/
    /***********************
    ***********************
    **/
    fclose(fp);
    return 0;
}
void Compute(void)
```

```
{
    int i,yy[MAX];
    for(i=0;i<MAX;i++)
    yy[i]=0;
    for(i=0;i<MAX;i++)
    if(xx[i]%2)//测试结点 i 是否是奇数
    {yy[odd++]=xx[i]; //将结点 i 存入数组 yy 中
    ave1+=xx[i];}//将结点 i 累加存入 ave1 中
    else //如果结点 i 不是奇数
    { even++; //累加变量 even 记录偶数数的个数
    ave2+=xx[i];}//将 xx[i]累加存入 ave2 中
    if(odd==0) ave1=0;
    else ave1/=odd;//计算奇数数的平均数
    if(even==0) ave2=0;
    else ave2/=even;//计算偶数数的平均数
    for(i=0;i<odd;i++)
    totfc+=(yy[i]-ave1)*(yy[i]-ave1)/odd;
}
void main()
{
    int i;
    for(i=0;i<MAX;i++)xx[i]=0;
    if(ReadDat()){
    printf("数据文件 IN.DAT 不能打开! \007\n");
    return;
    }
    Compute();
    printf("ODD=%d\nAVE1=%f\nAVE2=%f\nTOT-
FC=%f\n",odd,ave1,ave2,totfc);
    WriteDat();
}
void WriteDat(void)
{
    FILE *fp;
    int i;
    fp=fopen("OUT.DAT","w");
    fprintf(fp,"%d\n%f\n%f\n%f\n",odd,ave1,ave2,
    totfc);
    fclose(fp);
}
```

第 6 套 上机考试试题

已知在文件 IN.DAT 中存有 100 个产品销售记录,每个产品销售记录由产品代码 dm(字符型 4 位),产品名称 mc(字符型 10 位)、单价 dj(整型)、数量 sl(整型)、金额 je(长整型)5 部门组成。其中,金额=单价×数量。函数 ReadDat()用于读取这 100 个销售记录并存入结构数组 sell 中。请编制函数 SortDat(),其功能要求如下:按产品名称从大到小进行排列,若产品名称相等,则按金额从大到小进行排列,最终排列结构仍存入结构数组 sell 中,最后调用函数 WriteDat()把结构输出到文件 OUT5.DAT 中。

注意:部分源程序已给出。请勿改动主函数 main()、读数据函数 ReadDat()和输出数据函数 WriteDat()的内容。

试题程序:

```
#include <stdio.h>
#include <string.h>
#include <conio.h>
#include <stdlib.h>
#define MAX 100
typedef struct
{
    char dm[5]; /*产品代码*/
    char mc[11]; /*产品名称*/
    int dj; /*单价*/
    int sl; /*数量*/
    long je; /*金额*/
}
PRO;
PRO sell[MAX];
void ReadDat();
void WriteDat();
void SortDat()
{
}
void main()
{
    memset(sell,0,sizeof(sell));
    ReadDat();
    SortDat();
    WriteDat();
```

```
}
void ReadDat()
{
    FILE *fp;
    char str[80],ch[11];
    int i;
    fp=fopen("IN.DAT","r");
    for(i=0;i<100;i++)
    {
        fgets(str,80,fp);
        memcpy(sell[i].dm,str,4);
        memcpy(sell[i].mc,str+4,10);
        memcpy(ch,str+14,4);ch[4]=0;
        sell[i].dj=atoi(ch);
        memcpy(ch,str+18,5);ch[5]=0;
        sell[i].sl=atoi(ch);
        sell[i].je=(long)sell[i].dj*sell[i].sl;
    }
    fclose(fp);
}
void WriteDat()
{
    FILE *fp;
    int i;
    fp=fopen("OUT5.DAT","w");
    for(i=0;i<100;i++)
    {
        printf("%s %s %4d %5d %5d\n",sell[i].dm,
        sell[i].mc,sell[i].dj,sell[i].sl,sell[i].je);
        fprintf(fp,"%s %s %4d %5d %5d\n", sell[i].
        dm,sell[i].mc,sell[i].dj,sell[i].sl,sell[i].je);
    }
    fclose(fp);
```

第 7 套 上机考试试题

请编制函数 ReadDat()实现从文件 IN.DAT 中读取 1000 个十进制整数到数组 xx 中；请编制函数 Compute()，分别计算出 xx 中奇数的个数 odd，偶数的个数 even，平均值 aver 以及方差 totfc 的值，最后调用函数 WriteDat()把结果输出到 OUT.DAT 文件中。计算方差的公式如下：

$$totfc=1/N\sum_{i=1}^{N}(xx[i]-aver)2$$

原始数据文件存放的格式是：每行存放 10 个数，并用逗号隔开(每个数均大于 0 且小于等于 2000)。

注意：部分源程序已给出如下。请勿改动主函数 main()和输出数据函数 WriteDat()的内容。

试题程序：

```
#include <stdio.h>
#include <stdlib.h>
#include <string.h>
#define MAX 1000
int xx[MAX],odd=0,even=0;
double aver=0.0,totfc=0.0;
void WriteDat(void);
int ReadDat(void)
{
    int i;
    FILE *fp;
    if((fp = fopen ( " IN. DAT"," r")) = = NULL)
    return 1;
    /* * * * * * * * * * * * * * * * * 编制函数
    ReadDat() * * * * * * * * * * * * * * * * * * */
    /* * * * * * * * * * * * * * * * * * * * * * * *
    * * * * * * * * * * * * * * * * * * * * * * *
    * */
    fclose(fp);
    return 0;
}
void Compute(void)
{
    int i;
    for(i=0;i<MAX;i++)
    {
        if(xx[i]%2) //测试结点 i 是否是奇数
        odd++;//累加变量 odd 记录奇数数的个数
        else //如果结点 i 不是奇数
        even++;//累加变量 even 记录偶数数的个数
        aver+=xx[i]; //将 xx[i]累加存入 aver 中
    }
```

```
    aver/=MAX;//计算平均数
    for(i=0;i<MAX;i++)
    totfc+=(xx[i]-aver)*(xx[i]-aver);
    totfc/=MAX;
}
void main()
{
    int i;
    for(i=0;i<MAX;i++)xx[i]=0;
    if(ReadDat())
    {
        printf("数据文件 IN.DAT 不能打开!\007\n");
        return;
    }
    Compute();
    printf("ODD=%d\nOVEN=%d\nAVER=%f\nTOTFC=%f\n",odd,even,aver,totfc);
    WriteDat();
}
void WriteDat(void)
{
    FILE *fp;
    fp=fopen("OUT.DAT","w");
    fprintf(fp,"%d\n%d\n%f\n%f\n",odd,even,aver,totfc); fclose(fp);
}
```

第 8 套 上机考试试题

已知在文件 IN.DAT 中存有 100 个产品销售记录,每个产品销售记录由产品代码 dm(字符型 4 位),产品名称 mc(字符型 10 位)、单价 dj(整型)、数量 sl(整型)、金额 je(长整型)5 部门组成。其中,金额=单价×数量。函数 ReadDat()是读取这 100 个销售记录并存入结构数组 sell 中。请编制函数 SortDat(),其功能要求如下:按金额从小到大进行排列,若金额相同,则按产品代码从大到小进行排列,最终结构仍存入结构数组 sell 中,最后调用函数 WriteDat()把结构输出到文件 OUT2.DAT 中。

注意:部门源程序已给出。请勿改动主函数 main()、读数据函数 ReadDat()和输出数据函数 WriteDat()的内容。

试题程序:

```
#include <stdio.h>
#include <string.h>
#include <conio.h>
#include <stdlib.h>
#define MAX 100
typedef struct
{
    char dm[5]; /*产品代码*/
    char mc[11]; /*产品名称*/
    int dj; /*单价*/
    int sl; /*数量*/
    long je; /*金额*/
}
PRO;
PRO sell[MAX];
void ReadDat();
void WriteDat();
void SortDat()
{
}
void main()
{
    memset(sell,0,sizeof(sell));
    ReadDat();
    SortDat();
    WriteDat();
}
void ReadDat()
{
    FILE *fp;
    char str[80],ch[11];
    int i;
    fp=fopen("IN.DAT","r");
    for(i=0;i<100;i++)
    {
        fgets(str,80,fp);
        memcpy(sell[i].dm,str,4);
        memcpy(sell[i].mc,str+4,10);
```

```
        memcpy(ch,str+14,4);ch[4]=0;
        sell[i].dj=atoi(ch);
        memcpy(ch,str+18,5);ch[5]=0;
        sell[i].sl=atoi(ch);
        sell[i].je=(long)sell[i].dj * sell[i].sl;
    }
    fclose(fp);
}
void WriteDat(void)
{
    FILE *fp;
    int i;
    fp=fopen("OUT2.DAT","w");
    for(i=0;i<100;i++)
    {
        printf("%s %s %4d %5d %5d\n", sell[i].dm,
        sell[i].mc,sell[i].dj,sell[i].sl,sell[i].je);
        fprintf(fp,"%s %s %4d %5d %5d\n", sell[i].
        dm,sell[i].mc,sell[i].dj,sell[i].sl,sell[i].je);
    }
    fclose(fp);
}
```

第 9 套 上机考试试题

已知在文件 IN.DAT 中存有 100 个产品销售记录，每个产品销售记录由产品代码 dm(字符型 4 位)、产品名称 mc(字符型 10 位)、单价 dj(整型)、数量 sl(整型)、金额 je(长整型)五部分组成。其中：金额=单价×数量。函数 ReadDat()用于读取这 100 个销售记录并存入结构数组 sell 中。请编制 SortDat()，其功能要求如下：按产品代码从大到小进行排列，若产品代码相同，则按金额从大到小进行排列，最终排列结果仍存入结构数组 sell 中，最后调用函数 WriteDat()把结构输出到文件 OUT6.DAT 中。

注意：部门源程序已给出。请勿改动主函数 main()、读数据函数 ReadDat()和输出数据函数 WriteDat()的内容。

试题程序：

```
#include <stdio.h>
#include <string.h>
#include <conio.h>
#include <stdlib.h>
#define MAX 100
typedef struct
{
    char dm[5]; /* 产品代码 */
    char mc[11]; /* 产品名称 */
    int dj; /* 单价 */
    int sl; /* 数量 */
    long je; /* 金额 */
}
PRO;
PRO sell[MAX];
void ReadDat();
void WriteDat();
void SortDat()
{
}
void main()
{
    memset(sell,0,sizeof(sell));
    ReadDat();
    SortDat();
    WriteDat();
}
void ReadDat()
{
    FILE *fp;
    char str[80],ch[11];
    int i;
    fp=fopen("IN.DAT","r");
    for(i=0;i<100;i++)
    {
        fgets(str,80,fp);
        memcpy(sell[i].dm,str,4);
        memcpy(sell[i].mc,str+4,10);
        memcpy(ch,str+14,4);ch[4]=0;
        sell[i].dj=atoi(ch);
        memcpy(ch,str+18,5);ch[5]=0;
        sell[i].sl=atoi(ch);
        sell[i].je=(long)sell[i].dj * sell[i].sl;
    }
    fclose(fp);
}
```

```
void WriteDat(void)
{
    FILE *fp;
    int i;
    fp=fopen("OUT2.DAT","w");
    for(i=0;i<100;i++)
    {
        printf("%s %s %4d %5d %5d\n", sell[i].dm,
        sell[i].mc,sell[i].dj,sell[i].sl,sell[i].je);
        fprintf(fp,"%s %s %4d %5d %5d\n", sell[i].
        dm,sell[i].mc,sell[i].dj,sell[i].sl,sell[i].je);
    }
    fclose(fp);
}
```

第10套　上机考试试题

已知在文件IN.DAT中存有100个产品销售记录，每个产品销售记录由产品代码dm(字符型4位)、产品名称mc(字符型10位)、单价dj(整型)、数量sl(整型)、金额je(长整型)5部分组成。其中，金额=单价×数量。函数ReadDat()是读取100个销售记录并存入结构数组sell中。请编制函数SortDat()，其功能要求如下：按金额从小到大进行排列，若金额相等，则按产品代码从小到人进行排列，最终结果仍存入结构数组sell中，最后调用函数WriteDat()把结构输出到文件OUT1.DAT中。

注意：部门源程序已给出。请勿改动主函数main()、读数据函数ReadDat()和输出数据函数WriteDat()的内容。

试题程序：

```
#include <stdio.h>
#include <string.h>
#include <conio.h>
#include <stdlib.h>
#define MAX 100
typedef struct
{
    char dm[5]; /*产品代码*/
    char mc[11]; /*产品名称*/
    int dj; /*单价*/
    int sl; /*数量*/
    long je; /*金额*/
}
PRO;
PRO sell[MAX];
void ReadDat();
void WriteDat();
void SortDat()
{
}
void main()
{
    memset(sell,0,sizeof(sell));
    ReadDat();
    SortDat();
    WriteDat();
}
void ReadDat()
{
    FILE *fp;
    char str[80],ch[11];
    int i;
    fp=fopen("IN.DAT","r");
    for(i=0;i<100;i++)
    {
        fgets(str,80,fp);
        memcpy(sell[i].dm,str,4);
        memcpy(sell[i].mc,str+4,10);
        memcpy(ch,str+14,4);ch[4]=0;
        sell[i].dj=atoi(ch);
        memcpy(ch,str+18,5);ch[5]=0;
        sell[i].sl=atoi(ch);
        sell[i].je=(long)sell[i].dj*sell[i].sl;
    }
    fclose(fp);
}
void WriteDat()
{
    FILE *fp;
    int i;
    fp=fopen("OUT1.DAT","w");
    for(i=0;i<100;i++)
    {
        printf("%s %s %4d %5d %5d\n", sell[i].dm,
```

```
    sell[i].mc,sell[i].dj,sell[i].sl,sell[i].je);
    fprintf(fp,"%s %s %4d %5d %5d\n", sell[i].
    dm,sell[i].mc,sell[i].dj,sell[i].sl,sell[i].je);
  }
  fclose(fp);
}
```

第11套 上机考试试题

文件IN.DAT中存有一篇英文文章，函数ReadData()负责将IN.DAT中的数据读到数组inBuf[]中。请编制函数replaceChar()，该函数的功能是按照指定规则对字符进行替换。变换后的值仍存入inBuf[]中。函数WriteData()负责将inBuf[]中的数据输出到文件OUT.DAT中，并且在屏幕上打出。

替换规则为：先对字符的ASCII码按公式y=(a*11) mod 256进行运算(a为某一字符的ASCII码值，y为变换后的ASCII码值)，如果计算后y的值小于等于32或大于130，则字符保持不变，否则用y代替a。

注意：部分源程序已给出。原始数据文件存放的格式是：每行的宽度均小于80个字符。请勿改动主函数main()、读函数ReadData()和写函数WriteData()的内容。

试题程序：

```
#include <stdlib.h>
#include <stdio.h>
#include <string.h>
#include <ctype.h>
#define LINE 50
#define COL 80
char inBuf[LINE][COL];
int totleLine = 0;  //文章的总行数
int ReadData(void);
void WriteData(void);
void replaceChar()
{

}
void main()
{
    system("CLS");
    if(ReadData())
    {
        printf("IN.DAT can't be open! \n\007");
        return;
    }
    replaceChar();
    WriteData();
}
int ReadData(void)
{
    FILE *fp;
    int i = 0,j=0;
    char *p;
    if((fp = fopen("IN.DAT", "r")) ==NULL) re-
    turn 1;
    while(fgets(inBuf[i], COL+1, fp) ! =NULL)
    {
        p = strchr(inBuf[i], '\n');
        if(p) *p = 0;
        i++;
    }
    totleLine = i;
    fclose(fp);
    return 0;
}
void WriteData(void)
{
    FILE *fp;
    int i;
    fp = fopen("OUT.DAT", "w");
    for(i = 0; i < totleLine; i++)
    {
        printf("%s\n", inBuf[i]);
        fprintf(fp, "%s\n", inBuf[i]);
    }
    fclose(fp);
}
```

第12套 上机考试试题

文件 IN. DAT 中存有一篇英文文章，函数 ReadData()负责将 IN. DAT 中的数据读到数字 inBuf[]中。请编制函数 ReplaceChar()，该函数的功能是按照指定规则对字符进行替换。变换后的值仍存入数组 inBuf[]中。函数 WriteData()负责将 inBuf[]中的数据输出到文件 OUT. DAT 中，并且在屏幕上输出。

替换规则为：先对字符的 ASCII 码值按公式 y＝a＊11 mod 256 进行运算(a 为某一字符的 ASCII 码值，y 为变换后的 ASCII 码值)，如果原字符的 ASCII 码值是偶数或计算后 y 的值小于等于 32，则字符保持不变，否则用 y 对应的字体代替。

注意：部分源程序已给出。原始数据文件存放的格式是：每行的宽度均小于 80 个字符。请勿改动主函数 main()、读函数 ReadData 和写函数 WriteData()的内容。

试题程序：

```
#include <stdio.h>
#define N 100
#define S 1
#define M 10
int p[100], n, s, m;
void WriteDat(void);
void ReplaceChar(void)
{


}
void main()
{
    m = M;
    n = N;
    s = S;
    Josegh();
    WriteDat();
}
void WriteDat(void)
{
    int i;
    FILE * fp;
    fp = fopen("OUT.DAT", "w");
    for (i=N-1; i>=0; i--)
    {
        printf("%4d ", p[i]);
        fprintf(fp, "%4d", p[i]);
        if (i%10 == 0)
        {
            printf("\n");
            fprintf(fp, "\n");
        }
    }
    fclose(fp);
}
```

第13套 上机考试试题

文件 IN. DAT 中存有一篇英文文章，函数 ReadData()负责将 IN. DAT 中的数据读到数组 inBuf[]中。请编制函数 replaceChar()，该函数的功能是按照指定规则对字符进行替换。变换后的值仍存入 inBuf[]中。函数 WriteData()负责将 inBuf[]中的数据输出到文件 OUT. DAT 中并且在屏幕上打出。

替换规则为：先对字符的 ASCII 码按公式 y＝(a＊11) mod 256 进行运算(a 为某一字符的 ASCII 码值，y 为变换后的 ASCII 码值)，如果计算后 y 的值小于等于 32 或 y 对应的字符是数字 0～9，则字符保持不变，否则用 y 代替 a。

注意：部分源程序已给出。原始数据文件存放的格式是：每行的宽度均小于 80 个字符。请勿改动主函数 main()、读函数 ReadData()和写函数 WriteData()的内容。

试题程序：

```
#include <stdlib.h>
#include <stdio.h>
#include <string.h>
#include <ctype.h>
```

```
#define LINE 50
#define COL 80
char inBuf[LINE][COL];
int totleLine = 0;   //文章的总行数
int ReadData(void);
void WriteData(void);
void replaceChar()
{

}
void main()
{
    system("CLS");
    if(ReadData())
    {
        printf("IN.DAT can't be open! \n\007");
        return;
    }
    replaceChar();
    WriteData();
}
int ReadData(void)
{
    FILE *fp;
    int i = 0;
    char *p;
    if((fp = fopen("IN.DAT", "r")) == NULL) return 1;
    while(fgets(inBuf[i], COL+1, fp) != NULL)
    {
        p = strchr(inBuf[i], '\n');
        if(p) *p = 0;
        i++;
    }
    totleLine = i;
    fclose(fp);
    return 0;
}
void WriteData(void)
{
    FILE *fp;
    int i;
    fp = fopen("OUT.DAT", "w");
    for(i = 0; i < totleLine; i++)
    {
        printf("%s\n", inBuf[i]);
        fprintf(fp, "%s\n", inBuf[i]);
    }
    fclose(fp);
}
```

第14套 上机考试试题

文件 IN.DAT 中存有一篇英文文章，函数 ReadData()负责将 IN.DAT 中的数据读到数组 inBuf[]中。请编制函数 replaceChar()，该函数的功能是按照指定规则对字符进行替换。变换后的值仍存入数组 inBuf[]中。函数 WriteData()负责将 inBuf[]中的数据输出到文件 OUT.DAT 中，并且在屏幕上输出。替换规则为：先对字符的 ASCII 码值按公式 y=a*11mod256 进行运算(a 为某一字符的 ASCII 码值，y 为变换后的 ASCII 码值)，如果计算后 y 的值小于等于 32 或 y 对应的字符是小写字母，则字符保持不变，否则用 y 对应的字符代替。

注意：部分源程序已给出。原始数据文件存放的格式是：每行的宽度均小于 80 个字符。请勿改动主函数 main()、读函数 ReadData()和写函数 WriteData()的内容。

试题程序：

```
#include <stdlib.h>
#include <stdio.h>
#include <string.h>
#include <ctype.h>
#define LINE 50
#define COL 80
char inBuf[LINE][COL];
int totleLine = 0;   //文章的总行数
int ReadData(void);
void WriteData(void);
void replaceChar()
{
}
void main()
```

```
{
 system("CLS");
 if(ReadData())
 {
  printf("IN.DAT can't be open! \n\007");
  return;
 }
 replaceChar();
 WriteData();
}
int ReadData(void)
{
 FILE *fp;
 int i = 0;
 char *p;
 if((fp = fopen("IN.DAT", "r")) == NULL)
 return 1;
 while(fgets(inBuf[i], COL+1, fp) != NULL)
 {
  p = strchr(inBuf[i], '\n');
  if(p) *p = 0;
  i++;
 }
 totleLine = i;
 fclose(fp);
 return 0;
}
void WriteData(void)
{
 FILE *fp;
 int i;
 fp = fopen("OUT.DAT", "w");
 for(i = 0; i < totleLine; i++)
 {
  printf("%s\n", inBuf[i]);
  fprintf(fp, "%s\n", inBuf[i]);
 }
 fclose(fp);
}
```

第15套 上机考试试题

文件IN.DAT中存有一篇英文文章，函数ReadData()负责将IN.DAT中的数据读到数组inBuf[]中。请编制函数replaceChar()，该函数的功能是按照指定规则对字符进行替换。变换后的值仍存入inBuf[]中。函数WriteData()负责将inBuf[]中的数据输出到文件OUT.DAT中并且在屏幕上打出。

替换规则为：先对字符的ASCII码按公式y=(a*11) mod 256进行运算(a为某一字符的ASCII码值，y为变换后的ASCII码值)，如果原字符是大写字母或计算后y的值小于等于32，则字符保持不变，否则用y代替a。

注意：部分源程序已给出。原始数据文件存放的格式是：每行的宽度均小于80个字符。请勿改动主函数main()、读函数readData()和写函数writeData()的内容。

试题程序：

```
#include <stdlib.h>
#include <stdio.h>
#include <string.h>
#include <ctype.h>
#define LINE 50
#define COL 80
char inBuf[LINE][COL];
int totleLine = 0;  //文章的总行数
int ReadData(void);
void WriteData(void);
void replaceChar()
{
}
void main()
{
    system("CLS");
    if(ReadData())
    {
        printf("IN.DAT can't be open! \n\007");
        return;
    }
    replaceChar();
    WriteData();
}
```

```
int ReadData(void)
{
    FILE * fp;
    int i = 0;
    char * p;
    if((fp = fopen("IN.DAT", "r")) == NULL) return 1;
    while(fgets(inBuf[i], COL+1, fp) != NULL)
    {
        p = strchr(inBuf[i], '\n');
        if(p) * p = 0;
        i++;
    }
    totleLine = i;
    fclose(fp);
    return 0;
}
void WriteData(void)
{
    FILE * fp;
    int i;
    fp = fopen("OUT.DAT", "w");
    for(i = 0; i < totleLine; i++)
    {
        printf("%s\n", inBuf[i]);
        fprintf(fp, "%s\n", inBuf[i]);
    }
    fclose(fp);
}
```

第16套 上机考试试题

文件 IN.DAT 中存有一篇英文文章，函数 ReadData()负责将 IN.DAT 中的数据读到数组 inBuf[]中。请编制函数 replaceChar()，该函数的功能是按照指定规则对字符进行替换。变换后的值仍存入 inBuf[]中。函数 WriteData()负责将 inBuf[]中的数据输出到文件 OUT.DAT 中并且在屏幕上打出。

替换规则为：先对字符的 ASCII 码按公式 y=(a * 13) mod 256 进行运算(a 为某一字符的 ASCII 码值，y 为变换后的 ASCII 码值)，如果计算后 y 的值小于等于 32 或其 ASCII 值是偶数，则字符保持不变，否则用 y 代替 a。

注意：部分源程序已给出。原始数据文件存放的格式是：每行的宽度均小于 80 个字符。请勿改动主函数 main()、读函数 ReadData()和写函数 WriteData()的内容。

试题程序：

```
#include <stdlib.h>
#include <stdio.h>
#include <string.h>
#include <ctype.h>
#define LINE 50
#define COL 80
char inBuf[LINE][COL];
int totleLine = 0;  //文章的总行数
int ReadData(void);
void WriteData(void);
void replaceChar()
{

}
void main()
{
    system("CLS");
    if(ReadData())
    {
        printf("IN.DAT can't be open! \n\007");
        return;
    }
    replaceChar();
    WriteData();
}
int ReadData(void)
{
    FILE * fp;
    int i = 0;
    char * p;
    if((fp = fopen("IN.DAT", "r")) == NULL) return 1;
    while(fgets(inBuf[i], COL+1, fp) != NULL)
    {
```

```
        p = strchr(inBuf[i], '\n');
        if(p) *p = 0;
        i++;
    }
    totleLine = i;
    fclose(fp);
    return 0;
}
void WriteData(void)
{
    FILE *fp;
    int i;
    fp = fopen("OUT.DAT", "w");
    for(i = 0; i < totleLine; i++)
    {
        printf("%s\n", inBuf[i]);
        fprintf(fp, "%s\n", inBuf[i]);
    }
    fclose(fp);
}
```

第17套 上机考试试题

文件 IN.DAT 中存有一篇英文文章，函数 ReadData()负责将 IN.DAT 中的数据读到数组 inBuf[]中。请编制函数 replaceChar()，该函数的功能是按照指定规则对字符进行替换。变换后的值仍存入 inBuf[]中。函数 WriteData()负责将 inBuf[]中的数据输出到文件 OUT.DAT 中并且在屏幕上打出。

替换规则为：先对字符的 ASCII 码按公式 y=(a*11) mod 256 进行运算(a 为某一字符的 ASCII 码值，y 为变换后的 ASCII 码值)，如果计算后 y 小于等于 32 或 y 对应的字符是大写字母，则字符保持不变，否则用 y 代替 a。

注意：部分源程序已给出。原始数据文件存放的格式是：每行的宽度均小于 80 个字符。请勿改动主函数 main()、读函数 ReadData()和写函数 WriteData()的内容。

试题程序：

```
#include <stdlib.h>
#include <stdio.h>
#include <string.h>
#include <ctype.h>
#define LINE 50
#define COL 80
char inBuf[LINE][COL];
int totleLine = 0;  //文章的总行数
int ReadData(void);
void WriteData(void);
void replaceChar()
{


}
void main()
{
    system("CLS");
    if(ReadData())
    {
        printf("IN.DAT can't be open! \n\007");
        return;
    }
    replaceChar();
    WriteData();
}
int ReadData(void)
{
    FILE *fp;
    int i = 0;
    char *p;
    if((fp = fopen("IN.DAT", "r")) == NULL) return 1;
    while(fgets(inBuf[i], COL+1, fp) != NULL)
    {
        p = strchr(inBuf[i], '\n');
        if(p) *p = 0;
        i++;
    }
    totleLine = i;
    fclose(fp);
    return 0;
}
void WriteData(void)
{
```

```
    FILE * fp;
    int i;
    fp = fopen("OUT.DAT", "w");
    for(i = 0; i < totleLine; i++)
    {
        printf("%s\n", inBuf[i]);
        fprintf(fp, "%s\n", inBuf[i]);
    }
    fclose(fp);
}
```

第18套 上机考试试题

文件IN.DAT中存有一篇英文文章，函数ReadData()负责将IN.DAT中的数据读到数组inBuf[]中。请编制函数replaceChar()，该函数的功能是按照指定规则对字符进行替换。变换后的值仍存入数组inBuf[]中。函数WriteData()负责将inBuf[]中的数据输出到文件OUT.DAT中，并且在屏幕上输出。替换规则为：先对字符的ASCII码值按公式y=a*11mod256进行运算(a为某一字符的ASCII码值，y为变换后的ASCII码值)，如果原字符是小写字母或计算后y的值小于等于32，则字符保持不变，否则用y对应的字符代替。

注意：部分源程序已给出。原始数据文件存放的格式是：每行的宽度均小于80个字符。请勿改动主函数main()、读函数ReadData()和写函数WriteData()的内容。

试题程序：

```
#include <stdlib.h>
#include <stdio.h>
#include <string.h>
#include <ctype.h>
#define LINE 50
#define COL 80
char inBuf[LINE][COL];
int totleLine = 0;  /* 文章的总行数 */
int ReadData(void);
void WriteData(void);
void replaceChar()
{
}
void main()
{
 system("CLS");
 if(ReadData())
 {
  printf("IN.DAT can't be open! \n\007");
  return;
 }
 replaceChar();
 WriteData();
}
int ReadData(void)
{
 FILE * fp;
 int i = 0;
 char * p;
 if((fp = fopen("IN.DAT", "r")) == NULL)
 return 1;
 while(fgets(inBuf[i], COL+1, fp) != NULL)
 {
  p = strchr(inBuf[i], '\n');
  if(p) * p = 0;
  i++;
 }
 totleLine = i;
 fclose(fp);
 return 0;
}
void WriteData(void)
{
 FILE * fp;
 int i;
 fp = fopen("OUT.DAT", "w");
 for(i = 0; i < totleLine; i++)
 {
  printf("%s\n", inBuf[i]);
  fprintf(fp, "%s\n", inBuf[i]);
 }
 fclose(fp);
}
```

第19套 上机考试试题

文件 IN.DAT 中存有一篇英文文章，函数 ReadData()负责将 IN.DAT 中的数据读到数组 inBuf[]中。请编制函数 replaceChar()，该函数的功能是按照指定规则对字符进行替换。变换后的值仍存入 inBuf[]中。函数 WriteData()负责将 inBuf[]中的数据输出到文件 OUT.DAT 中并且在屏幕上打出。

替换规则为：先对字符的 ASCII 码按公式 y=(a*11) mod 256 进行运算(a 为某一字符的 ASCII 码值，y 为变换后的 ASCII 码值)，如果原字符是数字字符 0~9 或计算后 y 的值小于等于 32，则字符保持不变，否则用 y 代替 a。

注意：部分源程序已给出。原始数据文件存放的格式是：每行的宽度均小于 80 个字符。请勿改动主函数 main()、读函数 ReadData()和写函数 WriteData()的内容。

试题程序：

```
#include <stdlib.h>
#include <stdio.h>
#include <string.h>
#include <ctype.h>
#define LINE 50
#define COL 80
char inBuf[LINE][COL];
int totleLine = 0;  //文章的总行数
int ReadData(void);
void WriteData(void);
void replaceChar()
{

}
void main()
{
    system("CLS");
    if(ReadData())
    {
        printf("IN.DAT can't be open! \n\007");
        return;
    }
    replaceChar();
    WriteData();
}
int ReadData(void)
{
    FILE *fp;
    int i = 0;
    char *p;
    if((fp = fopen("IN.DAT", "r")) == NULL) return 1;
    while(fgets(inBuf[i], COL+1, fp) != NULL)
    {
        p = strchr(inBuf[i], '\n');
        if(p) *p = 0;
        i++;
    }
    totleLine = i;
    fclose(fp);
    return 0;
}
void WriteData(void)
{
    FILE *fp;
    int i;
    fp = fopen("OUT.DAT", "w");
    for(i = 0; i < totleLine; i++)
    {
        printf("%s\n", inBuf[i]);
        fprintf(fp, "%s\n", inBuf[i]);
    }
    fclose(fp);
}
```

第20套 上机考试试题

文件 IN.DAT 中存有一篇英文文章，函数 ReadData()负责将 IN.DAT 中的数据读到数组 inBuf[]中。请编制函数 replaceChar()，该函数的功能是按照指定规则对字符进行替换。变换后的值仍存入数组 inBuf[]中。函数 WriteData()负责将 inBuf[]中的数据输出到文件 OUT.DAT 中，并且在屏幕上输出。替换规则为：先对字符的 ASCII 码值按公式 y=a*

11mod256 进行运算(a 为某一字符的 ASCII 码值,y 为变换后的 ASCII 码值),如果计算后 y 的值小于等于 32 或其 ASCII 值是奇数,则字符保持不变,否则用 y 对应的字符代替。

注意:部分源程序已给出。原始数据文件存放的格式是:每行的宽度均小于 80 个字符。请勿改动主函数 main()、读函数 ReadData()和写函数 WriteData()的内容。

试题程序:

```
#include <stdlib.h>
#include <stdio.h>
#include <string.h>
#include <ctype.h>
#define LINE 50
#define COL 80
char inBuf[LINE][COL];
int totleLine = 0;  /* 文章的总行数 */
int ReadData(void);
void WriteData(void);
void replaceChar()
{
}
void main()
{
 system("CLS");
 if(ReadData())
 {
  printf("IN.DAT can't be open! \n\007");
  return;
 }
 replaceChar();
 WriteData();
}
int ReadData(void)
{
 FILE *fp;
 int i = 0;
 char *p;
 if((fp = fopen("IN.DAT", "r")) == NULL)
 return 1;
 while(fgets(inBuf[i], COL+1, fp) != NULL)
 {
  p = strchr(inBuf[i], '\n');
  if(p) *p = 0;
  i++;
 }
 totleLine = i;
 fclose(fp);
 return 0;
}
void WriteData(void)
{
 FILE *fp;
 int i;
 fp = fopen("OUT.DAT", "w");
 for(i = 0; i < totleLine; i++)
 {
  printf("%s\n", inBuf[i]);
  fprintf(fp, "%s\n", inBuf[i]);
 }
 fclose(fp);
}
```

第21套 上机考试试题

文件 IN.DAT 中存有一篇英文文章,函数 ReadData()负责将 IN.DAT 中的数据读到数组 inBuf[]中。请编制函数 replaceChar(),该函数的功能是:以行为单位把字符串中的所有小写字母改写成该字母的下一个字母,如果是字母 z,则改写成字母 a。大写字母仍为大写字母,小写字母仍为小写字母,其他字符不变。把已处理的字符串仍按行重新存入字符串数组 inBuf 中,函数 WriteData()负责将 inBuf[]中的数据输出到文件 OUT.DAT 中并且在屏幕上打出。

例如,原文:my. name. is. Lin. Tao

Nice. to. meet. you

结果:nz. obnf. jt. Ljo. Tbp

Njdf. up. nffu. zpv

原始数据文件存放的格式是：每行的宽度均小于80个字符，含标点符号和空格。

注意：部分源程序已给出。请勿改动主函数main()、读函数ReadData()和写函数WriteData()的内容。

试题程序：

```
#include <stdlib.h>
#include <stdio.h>
#include <string.h>
#include <ctype.h>
#define LINE 70
#define COL 80
char inBuf[LINE][COL];
int totleLine = 0;  //文章的总行数
int ReadData(void);
void WriteData(void);
void replaceChar()
{


}
void main()
{
    system("CLS");
    if(ReadData())
    {
        printf("IN.DAT can't be open! \n\007");
        return;
    }
    ReplaceChar();
    WriteData();
}
int ReadData(void)
{
    FILE *fp;
    int i = 0;
    char *p;
    if((fp = fopen("IN.DAT", "r")) == NULL) return 1;
    while(fgets(inBuf[i], COL, fp) != NULL)
    {
        p = strchr(inBuf[i], '\n');
        if(p) *p = 0;
        i++;
    }
    totleLine = i;
    fclose(fp);
    return 0;
}
void WriteData(void)
{
    FILE *fp;
    int i;
    fp = fopen("OUT.DAT", "w");
    for(i = 0; i < totleLine; i++)
    {
        printf("%s\n", inBuf[i]);
        fprintf(fp, "%s\n", inBuf[i]);
    }
    fclose(fp);
}
```

第22套 上机考试试题

文件IN.DAT中存有一篇英文文章，函数ReadDate()负责将IN.DAT中的数据读到数组inBuf[]中。请编制函数ReplaceChar()，该函数的功能是：以行为单位把字符串中的所有小写字母改成该字母的上一个字母，如果是字母a，则改成字母z。大写字母仍是大写字母，小写字母仍是小写字母，其他字符不变。把已处理的字符串仍按行重新存入字符串数组inBuf中，函数WriteData()负责将inBuf[]中的数据输出到文件OUT.DAT中，并且在屏幕上输出。

例如：原文：my. name. is. Lin. Tao

Nice. to. meet. you

结果：lx. mzld. hr. Lhm. Tzn

Nhbd. sn. ldds. xnt

原始数据文件存放的格式是，每行的宽度均小于80个字符，含标点符号和空格。

注意：部分程序已给出。请勿改动主函数main()、读函数ReadData()和写函数WriteData()的内容。

试题程序：

```
#include <stdlib.h>
#include <stdio.h>
#include <string.h>
#include <ctype.h>
#define LINE 70
#define COL 80
char inBuf[LINE][COL];
int totleLine = 0;/* 文章的总行数 */
int ReadData(void);
void WriteData(void);
void replaceChar()
{
}
void main()
{
 system("CLS");
 if(ReadData())
 {
  printf("IN.DAT can't be open! \n\007");
  return;
 }
 replaceChar();
 WriteData();
}
int ReadData(void)
{
 FILE *fp;
 int i = 0;
 char *p;
 if((fp = fopen("IN.DAT", "r")) == NULL)
 return 1;
 while(fgets(inBuf[i], COL, fp) != NULL)
 {
  p = strchr(inBuf[i], '\n');
  if(p) *p = 0;
  i++;
 }
 totleLine = i;
 fclose(fp);
 return 0;
}
void WriteData(void)
{
 FILE *fp;
 int i;
 fp = fopen("OUT.DAT", "w");
 for(i = 0; i < totleLine; i++)
 {
  printf("%s\n", inBuf[i]);
  fprintf(fp, "%s\n", inBuf[i]);
 }
 fclose(fp);
}
```

第23套 上机考试试题

文件 IN.DAT 中存有一篇英文文章，函数 ReadData()负责将 IN.DAT 中的数据读到数组 inBuf[]中。请编制函数 replaceChar()，该函数的功能是：以行为单位把字符串中的所大写字母改成该字母的下一个字母，字母 Z 成字母 A。要求大写字母仍为大写字母，小写字母仍为小写字母，其他字符不变。把已处理的字符串仍按行重新存入字符串数组 inBuf 中，函数 WriteData()负责将 inBuf[]中的数据输出到文件 OUT.DAT 中并且在屏幕上打出。

例如：s 字符串中原有的内容为：

my. name. is. Lin. Tao

Nice. to. meet. you

则调用该函数后，结果为：

my. name. is. Min. Uao

Oice. to. meet. you

原始数据文件存放的格式是：每行的宽度均小于 80 个字符，含标点符号和空格。

注意：部分源程序已给出。请勿改动主函数 main()、读函数 ReadData()和写函数 WriteData()的内容。

试题程序：

```
#include <stdlib.h>
#include <stdio.h>
#include <string.h>
#include <ctype.h>
#define LINE 70
#define COL 80
char inBuf[LINE][COL];
int totleLine = 0;  //文章的总行数
int ReadData(void);
void WriteData(void);
void replaceChar()
{


}
void main()
{
    system("CLS");
    if(ReadData())
    {
        printf("IN.DAT can't be open! \n\007");
        return;
    }
    replaceChar();
    WriteData();
}
int ReadData(void)
{
    FILE *fp;
    int i = 0;
    char *p;
    if((fp = fopen("IN.DAT", "r")) ==NULL) return 1;
    while(fgets(inBuf[i], COL, fp) !=NULL)
    {
        p = strchr(inBuf[i], '\n');
        if(p) *p = 0;
        i++;
    }
    totleLine = i;
    fclose(fp);
    return 0;
}
void WriteData(void)
{
    FILE *fp;
    int i;
    fp = fopen("OUT.DAT", "w");
    for(i = 0; i < totleLine; i++)
    {
        printf("%s\n", inBuf[i]);
        fprintf(fp, "%s\n", inBuf[i]);
    }
    fclose(fp);
}
```

第24套 上机考试试题

文件 IN.DAT 中存有一篇英文文章，函数 ReadData()负责将 IN.DAT 中的数据读到数组 inBuf[]中。请编制函数 replaceChar()，该函数的功能是：以行为单位把字符串中的所有字符的 ASCII 值右移 4 位，然后把右移后的字符的 ASCII 值再加上原字符的 ASCII 值，得到新的字符，并存入原字符串对应的位置上。把已处理的字符串仍按行重新存入字符串数组 inBuf 中，函数 WriteData()负责将 inBuf[]中的数据输出到文件 OUT.DAT 中并且在屏幕上打出。

原始数据文件存放的格式是：每行的宽度均小于 80 个字符，含标点符号和空格。

注意：部分源程序已给出。请勿改动主函数 main()、读函数 ReadData()和写函数 WriteData()的内容。

试题程序：

```
#include <stdlib.h>
#include <stdio.h>
#include <string.h>
#include <ctype.h>
#define LINE 50
#define COL 80
char inBuf[LINE][COL];
int totleLine = 0;  // 文章的总行数
int ReadData(void);
void WriteData(void);
```

```
void replaceChar()
{

}
void main()
{
    system("CLS");
    if(ReadData())
    {
        printf("IN.DAT can't be open! \n\007");
        return;
    }
    replaceChar();
    WriteData();
}
int ReadData(void)
{
    FILE *fp;
    int i = 0;
    char *p;
    if((fp = fopen("IN.DAT", "r")) ==NULL) return 1;
    while(fgets(inBuf[i], COL+1, fp) != NULL)
    {
        p = strchr(inBuf[i], '\n');
        if(p) *p = 0;
        i++;
    }
    totleLine = i;
    fclose(fp);
    return 0;
}
void WriteData(void)
{
    FILE *fp;
    int i;
    fp = fopen("OUT.DAT", "w");
    for(i = 0; i < totleLine; i++)
    {
        printf("%s\n", inBuf[i]);
        fprintf(fp, "%s\n", inBuf[i]);
    }
    fclose(fp);
}
```

第25套 上机考试试题

文件 IN.DAT 中存有一篇英文文章，函数 ReadData()负责将 IN.DAT 中的数据读到数组 inBuf[]中。请编制函数 replaceChar()，该函数的功能是：以行为单位把字符串中的所有字符的 ASCII 值左移 4 位，如果左移后，其字符的 ASCII 值小于等于 32 或大于 100，则原字符保持不变，否则就把左移后的字符 ASCII 值再加上原字符的 ASCII 值，得到的新字符仍存入到原字符串对应的位置。把已处理的字符串仍按行重新存入字符串数组 inBuf 中，函数 WriteData()负责将 inBuf[]中的数据输出到文件 OUT.DAT 中并且在屏幕上打出。

原始数据文件存放的格式是：每行的宽度均小于 80 个字符，含标点符号和空格。

注意：部分源程序已给出。请勿改动主函数 main()、读函数 ReadData()和写函数 WriteData()的内容。

试题程序：

```
#include <stdlib.h>
#include <stdio.h>
#include <string.h>
#include <ctype.h>
#define LINE 50
#define COL 80
char inBuf[LINE][COL];
int totleLine = 0;  // 文章的总行数
int ReadData(void);
void WriteData(void);
void replaceChar()
{

}
void main()
{
    system("CLS");
    if(ReadData())
    {
        printf("IN.DAT can't be open! \n\007");
        return;
    }
```

```
    replaceChar();
    WriteData();
}
int ReadData(void)
{
    FILE *fp;
    int i = 0;
    char *p;
    if((fp = fopen("IN.DAT", "r")) == NULL) return 1;
    while(fgets(inBuf[i], COL+1, fp) != NULL)
    {
        p = strchr(inBuf[i], '\n');
        if(p) *p = 0;
        i++;
    }
    totleLine = i;
    fclose(fp);
    return 0;}
void WriteData(void)
{
    FILE *fp;
    int i;
    fp = fopen("OUT.DAT", "w");
    for(i = 0; i < totleLine; i++)
    {
        printf("%s\n", inBuf[i]);
        fprintf(fp, "%s\n", inBuf[i]);
    }
    fclose(fp);}
```

第26套 上机考试试题

文件 IN.DAT 中存有一篇英文文章，函数 ReadData()负责将 IN.DAT 中的数据读到数组 inBuf[]中。请编制函数 replaceChar()，该函数的功能是：以行为单位把字符串的最后一个字符 ASCII 值右移 4 位后加最后第二个字符的 ASCII 值，得到最后一个新的字符，最后第二个字符的 ASCII 值右移 4 位后加最后第三个字符的 ASCII 值，得到最后第二个新的字符，依此类推，一直处理到第二个字符，第一个字符的 ASCII 值加最后一个字符的 ASCII 值，得到第一个新的字符，得到的新字符分别存放在原字符串对应的位置上。把已处理的字符串仍按行重新存入字符串数组 inBuf 中，函数 WriteData()负责将 inBuf[]中的数据输出到文件 OUT.DAT 中并且在屏幕上打出。

原始数据文件存放的格式是：每行的宽度均小于 80 个字符，含标点符号和空格。

注意：部分源程序已给出。请勿改动主函数 main()、读函数 ReadData()和写函数 WriteData()的内容。

试题程序：

```
#include <stdlib.h>
#include <stdio.h>
#include <string.h>
#include <ctype.h>
#define LINE 50
#define COL 80
char inBuf[LINE][COL];
int totleLine = 0;  //文章的总行数
int ReadData(void);
void WriteData(void);
void replaceChar()
{


}
void main()
{
    system("CLS");
    if(ReadData())
    {
        printf("IN.DAT can't be open! \n\007");
        return;
    }
    replaceChar();
    WriteData();
}
int ReadData(void)
{
    FILE *fp;
    int i = 0;
    char *p;
    if((fp = fopen("IN.DAT", "r")) == NULL) return 1;
    while(fgets(inBuf[i], COL+1, fp) != NULL)
    {
```

```
        p = strchr(inBuf[i], '\n');
        if(p) *p = 0;
        i++;
    }
    totleLine = i;
    fclose(fp);
    return 0;
}
void WriteData(void)
{
    FILE *fp;
    int i;
    fp = fopen("OUT.DAT", "w");
    for(i = 0; i < totleLine; i++)
    {
        printf("%s\n", inBuf[i]);
        fprintf(fp, "%s\n", inBuf[i]);
    }
    fclose(fp);
}
```

第27套 上机考试试题

文件IN.DAT中存有一篇英文文章，函数ReadData()负责将IN.DAT中的数据读到数组inBuf[]中。请编制函数replaceChar()，该函数的功能是：以行为单位把字符串的第一个字符的ASCII值加第二个字符的ASCII值，得到第一个新的字符，第二个字符的ASCII值加第三个字符的ASCII值，得到第二个新的字符，依此类推，一直处理到倒数第二个字符，最后一个字符的ASCII值加第一个字符的ASCII值，得到最后一个新的字符，得到的新字符分别存放在原字符串对应的位置上。最后把已处理的字符串逆转后仍按行重新存入字符串数组inBuf中，函数WriteData()负责将inBuf[]中的数据输出到文件OUT.DAT中并且在屏幕上打出。

原始数据文件存放的格式是：每行的宽度均小于80个字符，含标点符号和空格。

注意：部分源程序已给出。请勿改动主函数main()、读函数ReadData()和写函数WriteData()的内容。

试题程序：

```
#include <stdlib.h>
#include <stdio.h>
#include <string.h>
#include <ctype.h>
#define LINE 50
#define COL 80
char inBuf[LINE][COL];
int totleLine = 0;  //文章的总行数
int ReadData(void);
void WriteData(void);
void replaceChar()
{

}
void main()
{
    system("CLS");
    if(ReadData())
    {
        printf("IN.DAT can't be open! \n\007");
        return;
    }
    replaceChar();
    WriteData();
}
int ReadData(void)
{
    FILE *fp;
    int i = 0;
    char *p;
    if((fp = fopen("IN.DAT", "r")) ==NULL) return 1;
    while(fgets(inBuf[i], COL+1, fp) !=NULL)
    {
        p = strchr(inBuf[i], '\n');
        if(p) *p = 0;
        i++;
    }
    totleLine = i;
    fclose(fp);
    return 0;
}
```

```
void WriteData(void)
{
    FILE *fp;
    int i;
    fp = fopen("OUT.DAT", "w");
    for(i = 0; i < totleLine; i++)
    {
        printf("%s\n", inBuf[i]);
        fprintf(fp, "%s\n", inBuf[i]);
    }
    fclose(fp);
}
```

第28套 上机考试试题

文件IN.DAT中存有200个4位整型数，函数ReadData()负责将IN.DAT中的数读到数组inBuf[]中。请编制一函数findData()，其功能是：依次从数组inBuf中取出一个4位数，如果该4位数连续小于该4位数以后的5个数且该数是偶数(该4位数以后不满5个数，则不统计)，则按照从小到大的顺序存入数组outBuf[]中，并用count记录下符合条件的数的个数。函数WriteData()负责将outBuf[]中的数输出到文件OUT.DAT中并且在屏幕上显示出来。

注意：部分源程序已给出。程序中已定义数组：inBuf[200]，outBuf[200]，已定义变量：count。请勿改动主函数main()、读函数ReadData()和写函数WriteData()的内容。

试题程序：

```
#include <stdio.h>
#define MAX 200
int inBuf[MAX],outBuf[MAX],count=0;
void findData()
{


}
void ReadData()
{
    int i;
    FILE *fp;
    fp=fopen("IN.DAT","r");
    for(i=0;i<MAX;i++)
    fscanf(fp,"%d",&inBuf[i]);
    fclose(fp);
}
void WriteData()
{
    FILE *fp;
    int i;
    fp=fopen("OUT.DAT","w");
    fprintf(fp,"%d\n",count);
    for(i=0;i<count;i++)
    fprintf(fp,"%d\n",outBuf[i]);
    fclose(fp);
}
void main()
{
    int i;
    ReadData();
    findData();
    printf("the count of desired datas=%d\n",count);
    for(i=0;i<count;i++)
    printf("%d\n",outBuf[i]);
    printf("\n");
    WriteData();
}
```

第29套 上机考试试题

文件IN.DAT中存有200个4位整型数，函数ReadData()负责将IN.DAT中的数读到数组inBuf[]中。请编制一函数findData()，其功能是：依次从数组inBuf中取出一个4位数，如果该4位数连续小于该4位数以前的5个数且该数是偶数(该4位数以后不满5个数，则不统计)，则按照从大到小的顺序存入数组outBuf[]中，并用count记录下符合条件的数的个数。函数 WriteData()负责将 outBuf[]中的数输出到文件 OUT.DAT 中并且在屏幕上显示出来。

注意：部分源程序已给出。程序中已定义数组：inBuf[200]，outBuf[200]，已定义变量：count。请勿改动主函数 main()、读函数 ReadData()和写函数 WriteData()的内容。

试题程序：

```
#include <stdio.h>
#define MAX 200
int inBuf[MAX],outBuf[MAX],count=0;
void findData()
{

}
void ReadData()
{
    int i;
    FILE *fp;
    fp=fopen("IN.DAT","r");
    for(i=0;i<MAX;i++)
    fscanf(fp,"%d",&inBuf[i]);
    fclose(fp);
}
void WriteData()
{
    FILE *fp;
    int i;
    fp=fopen("OUT.DAT","w");
    fprintf(fp,"%d\n",count);
    for(i=0;i<count;i++)
    fprintf(fp,"%d\n",outBuf[i]);
    fclose(fp);
}
void main()
{
    int i;
    ReadData();
    findData();
    printf("the count of desired datas=%d\n",count);
    for(i=0;i<count;i++)
    printf("%d\n",outBuf[i]);
    printf("\n");
    WriteData();
}
```

第30套 上机考试试题

文件 IN.DAT 中存有 200 个 4 位整型数，函数 ReadData()负责将 IN.DAT 中的数读到数组 inBuf[]中。请编制一函数 findData()，其功能是：依次从数组 inBuf 中取出一个 4 位数，如果该 4 位数连续大于该 4 位数以前的 5 个数且该数是偶数（该 4 位数前面不满 5 个数，则不统计），则按照从大到小的顺序存入数组 outBuf[]中，并用 count 记录下符合条件的数的个数。函数 WriteData()负责将 outBuf[]中的数输出到文件 OUT.DAT 中并且在屏幕上显示出来。

注意：部分源程序已给出。程序中已定义数组：inBuf[200]，outBuf[200]，已定义变量：count。请勿改动主函数 main()、读函数 ReadData()和写函数 WriteData()的内容。

试题程序：

```
#include<stdio.h>
#define MAX 200
int inBuf[MAX],outBuf[MAX],count=0;
void findData()
{
}
void ReadData()
{
 int i;
 FILE *fp;
 fp=fopen("IN.DAT","r");
 for(i=0;i<MAX;i++)
 fscanf(fp,"%d",&inBuf[i]);
 fclose(fp);
}
void WriteData()
{
 FILE *fp;
 int i;
 fp=fopen("OUT.DAT","w");
```

```
    fprintf(fp,"%d\n",count);
    for(i=0;i<count;i++)
    fprintf(fp,"%d\n",outBuf[i]);
    fclose(fp);
}
void main()
{
    int i;
    ReadData();
    findData();
    printf("the count of desired datas=%d\n",count);
    for(i=0;i<count;i++)
    printf("%d\n",outBuf[i]);
    printf("\n");
    WriteData();
}
```

>>> 第4章　笔试考试试题答案与解析 >>>

第1套　笔试考试试题答案与解析

一、选择题

1.D。**【解析】**解释程序边解释边逐条执行语句，不保留机器的目标代码，而编译程序是将源代码编译成计算机可以直接执行的机器代码或汇编代码的程序，其转换结果将作为文件保留。

2.B。**【解析】**根据计算机所采用的逻辑元器件的演变，将计算机的发展划分为4代。第1代采用电子管，第2代采用晶体管，第3代采用大规模集成电路，第4代采用大规模、超大规模集成电路。

3.D。**【解析】**通常服务器的处理器也用高端微处理器芯片组成，原则上过去的小型机、大型机甚至巨型机都可以当做服务器使用。

4.C。**【解析】**CAD是指计算机辅助设计，CAE是指计算机辅助工程，CAM是指计算机辅助制造，CAT是计算机辅助测试。所以本题选C。

5.C。**【解析】**网络层的功能是在信源和信宿之间建立逻辑链路，为报文或报文分组的传递选择合适的路由以实现网络互联，并针对网络情况实现拥塞控制。

6.C。**【解析】**奔腾4(也可写成P4)的系统总线为400MHz，在处理器与内存控制器之间提供了3.2Gbps的带宽，采用了快速执行引擎，它的算术逻辑单元以双倍的时钟频率运行，使系统响应更加快捷。SSE意为流式的单指令流、多数据流扩展指令。P4继续采用了超流水线技术，使细化流水的深度由4级、8级加深到20级。

7.A。**【解析】**编译是整体输入、整体编译、整体执行，解释是输入一句解释一句。由此看来，编译比解释的速度更快，但比较复杂。计算机只能执行低级的机器语言。

8.D。**【解析】**S/N是信号噪声功率比，简称信噪比。

9.A。**【解析】**计算机网络的形成与发展，第二阶段的标志是20世纪60年代美国的阿帕网(ARPANET)与分组交换技术，阿帕网是计算机网络技术发展中的一座新的里程碑。

10.C。**【解析】**数据传输速率与误码率是描述计算机网络中数据通信的基本技术参数。

11.B。**【解析】**数据链路层的主要功能是：在物理层提供比特流传输服务的基础上，在通信的实体之间建立数据链路连接，传送以帧为单位的数据，采用差错控制、流量控制方法，使有差错的物理线路变成无差错的数据链路。

12.B。**【解析】**每个企业单位可以组建自己的局域网，一个城市中的多个局域网相互连接而成为广域网，城域网设计的目标是要满足几十千米范围内的大量企业、机关、公司的多个局域网互联的需求，以实现大量用户之间的数据、语音、图形与视频等多种信息的传输功能。

13.C。**【解析】**奈奎斯特标准：如果间隔为$\pi/\omega(\omega=2\pi f)$，通过理想通信信道传输窄脉冲信号，则前后码元之间不产生相互干扰。因此，二进制数据信号的最大数据传输速率Rmax与通信信道带宽B(B＝f 单位：Hz)的关系可以写成：Rmax＝2f。对于二进制数据，若最大数据传输速率为6000bps，则信道带宽B＝Rmax/2，所以B＝3000bps。

14.D。**【解析】**按规定物理地址写入只读存储器(ROM)中。Ethernet网卡的物理地址唯一确定。

15.B。**【解析】**传输层的主要任务是向用户提供可靠的端到端服务(end－to－end)，透明地传送报文；会话层的主要任务是组织两个会话进程之间的通信，并管理数据的交换；应用层是OSI参考模型的最高层，应用层将确定进程之间通信的性质，以满足客户的需求。

16.D。**【解析】**计算机网络拓扑通过网络中结点与通信线路之间的几何关系来表示网络结构，反映出网络中各实体间的结构联系。

17.B。**【解析】**802.5标准的网桥是由发送帧的源结点负责路由选择，即源结点路选 网桥假定了每一个结点在发送帧时都已经清楚地知道发往各个目的结点的路由，源结点在发送帧时将会选择具体的网桥进行发送，因此这类网桥又称为源路选网桥。

18.B.【解析】提供博客服务的网站为博客的使用者开辟了一个共享空间，用户可以使用方案、视频或者链接建立自己的个性化信息共享空间。

19.C.【解析】局域网按照介质访问控制方法的不同可分为共享介质局域网和交换式局域网。IEEE 802.2标准定义的共享介质局域网有三类：采用CSMA/CD技术的总线型局域网、采用令牌环总线(Token Bus)技术的总线型局域网和采用令牌环(Token Ring)技术的环形局域网。

20.B.【解析】广域网覆盖一个国家、地区，或横跨几个洲，形成国际性的远程网络。

21.B.【解析】IEEE 802标准针对局域网有一系列的标准，其中IEEE 802.4标准定义了令牌总线(Token Bus)介质访问控制子层与物理层规范。

22.D.【解析】虚拟网络是建立在局域网交换机或ATM交换机的基础之上的，它以软件方式来实现逻辑工作组的划分与管理。只要通过软件设定，而不需要改变它在网络中的物理位置。

23.B.【解析】虚拟局域网建立在局域网交换机的基础上，虚拟局域网以软件方式实现逻辑工作组的划分和管理，工作组中的结点不受物理位置的限制。

24.B.【解析】利用集线器(HUB)向上连接端口级联可以扩大局域网的覆盖范围。实际应用中，近距离使用双绞线实现HUB互联，远距离使用集线器向上连接端口级联。

25.B.【解析】使用自动侦测技术时支持10/100BASE.T两种速率、全双工/半双工两种工作方式。

26.D.【解析】在路由器互联的多个局域网中，通常要求每个局域网的数据链路层与物理层可以不同，但是数据链路层以上的高层要采用相同的协议。

27.D.【解析】网桥所连接的局域网的MAC子层与物理层可以不同，它要求两个局域网在MAC子层以上使用相同的协议。

28.A.【解析】网络操作系统的基本任务是：屏蔽本地资源与网络资源之间的差异性，为用户提供各种基本网络服务功能，完成网络共享系统资源的管理。提供网络系统的安全服务。

29.A。【解析】通常认定的网络操作系统三大阵营指的是：Microsoft的Windows NT、Novell的NetWare和UNIX。Linux是后来出现的，被看做是UNIX的衍生品种。

30.C.【解析】一个完整的IP地址由4字节，即32位二进制数组成，为了方便人们的理解和使用，它采用了点分十进制标记法，即IP地址被写成十进制数的形式，中间使用符号“.”隔开不同的字节。IP地址每一部分最大只能是255。

31.D.【解析】网络操作系统提供了丰富的网络管理服务工具，可以提供网络性能分析、网络状态监控、存储管理等多种管理服务。

32.D.【解析】简单网络管理协议(SNMP)是用来管理网络设备的，由于网络设备很多，无连接的服务就体现出其优势。其中TCP是面向连接的，UDP是无连接的，它使用的端口是161和162端口。

33.D.【解析】计算机是因特网中不可缺少的成员，所有联入因特网的计算机统称为主机。它是信息资源和服务的载体。

34.B.【解析】IP协议负责的是数据报的路由，决定数据报发送到哪里，以及在哪里出现问题的时候更换路由。

35.B.【解析】域名管理系统(DNS)是一个按层次组织分布式服务系统，其内部数据库的建立与维护任务被分配到各个本地协作的网络机构。增加主机、改变主机名称、重新设置IP及数据库的更新都是本地数据库的任务。

36.B.【解析】FTP服务采用典型的客户机/服务器工作模式，FTP是一种实时的联机服务。因特网用户使用的FTP客户端应用程序有3种类型：传统的FTP命令行、浏览器和FTP下载工具。其中，通过浏览器时，只能下载文件而不能上传。

37.C.【解析】目前，最基本的邮箱保护手段是密码保护，而保证重要邮件的安全性的主要手段是使用数字证书，数字证书可以证明用户的身份，加密电子邮件，保证不被修改。

38.B.【解析】IPv6单播地址包括可聚类的全球单播地址和链路本地地址，可聚类的全球地址的单播地址可用于全球范围网络的寻址，链路本地地址主要用于未进行网络连接的本地链路。

39.B.【解析】远程登录之所以能允许任意类型的计算机之间进行通信，主要是因为所有的运行都是在远程计算机上完成的。用户的主机中介作为一台仿真终端向远程计算机传送击键命令信息和显示命令执行结果。

40.B.【解析】域名服务器分为4种类型：本地域名服务器、根域名服务器、顶级域名服务器、权限域名服务器，它们虽然有不同的等级，但是它们的逻辑结构均为树形。

41.A.【解析】在因特网中，IP数据报根据其目的地的不同，经过的路径和投递次数也不同。通常源主机在发出数据报时只需指明第一个路由器，而后数据报在因特网中如何传输及沿着哪一条路径传输，源主机则不关心。由于独立对待每一个IP数据报，所以源主机两次发往同一目的主机的数据可能会因为中途路由器路由选择的不同而沿着不同的路径到达不同的目的主机。

42.D。【解析】特洛伊木马是攻击者在正常的程序中隐藏一段有其他目的的非法程序，这段隐藏的程序段常常以安全攻击作为最终目标。

43.D。【解析】从域名上无法看出协议类型，WWW服务器可能同时也是FTP服务器或DNS服务器。

44.D。【解析】网络管理协议是高层网络应用协议，它规范了网络管理者和代理之间的通信。SNMP位于ISO/OSI参考模型的应用层，由网络管理站、代理结点、管理信息库和SNMP4部分构成。管理信息库MIB是SNMP网络管理系统的核心，SNMP采用轮询监控方式，管理站每隔一定时间间隔就向代理结点请求管理信息，管理站根据返回的管理信息判断是否异常。CMIS采用管理者一代理模式。当对网络实体监控时，管理者向代理发出一个监控请求，代理自动监视指定的对象，这种方式被称为委托监控。

45.C。【解析】对称加密是指加密和解密是相同的密钥，所以必须对密钥进行保密。

46.A。【解析】数字签名应该满足以下要求：第三者可以确认收发双方之间的消息传送，但不能伪造这一过程；接收方能够确认发送方的签名，但不能伪造；发送方发出签名的消息后，就不能再否认他所签发的信息；接收方对已收到的签名消息不能否认，即有收报认证。所以A是错误的。

47.C。【解析】常规加密使用的密钥叫保密密钥，而不是公钥。

48.B。【解析】置换密码和代换密码都属于对称密码，按从明文到密文的转换操作分为与代换与置换两种方式，需要隐藏的消息称为明文，加密后称为密文。

49.A。【解析】恺撒密码算法对于明文(原始的消息)中每一个字母都用该字母后的第n个字母来替换，其中n就是密钥。

50.B。【解析】对称加密也叫常规加密、保密密钥加密或单密钥加密，指的是通信双方的加密和解密都使用相同的密钥。非对称加密又称公钥加密系统，公钥加密系统有两个不同的密钥，私钥被保存，公钥不需要保密。二者没有什么相互的关系。

51.B。【解析】从网络高层协议的角度看，攻击可以分为服务攻击与非服务攻击。服务攻击是针对某种特定网络服务的，非服务攻击不针对某项具体应用服务，而是基于网络层等低层协议进行的。

52.D。【解析】电子商务是以开放的因特网环境为基础、在计算机系统支持下进行的商务活动。它基于浏览器/服务器应用方式，是实现网上购物、网上交易和在线支付的一种新型商业运营模式。

53.B。【解析】网上直接划付需要安全技术作为保障。在电子支付工具和电子商务应用环境还不成熟的情况下，网上直接划付的普及还有待时日。

54.A。【解析】视频会议和视频点播属于组播，单播使用单播地址，组播使用广播地址，广播使用组地址；广播无法针对每个用户的要求和时间及时提供个性化服务，组播与单播相比，组播没有纠错机制，发生丢包，错包后难以弥补。

55.A。【解析】证书按用户和应用范围可以分为个人证书、企业证书、服务器证书和业务受理点证书等。

56.B。【解析】B信道的数据速率是64Kbps。

57.C。【解析】电缆调制解调器(Cable Modem)使用的是QAM的传输方式，QAM前面的数字代表在转换群组中的点数，也就是值或等级。计算公式为速率$=\log_2$QAM值$/\log_2 2$(bit/Hz/s)×频带宽度(H_8)$=\log_2 6/\log_2 2\times 8=6\times 8=48$Mbps。

58.C。【解析】信元中每个位大多都是同步定时发送的，称做“同步串行通信”，异步传输模式中的“异步”与“异步传送过程”无关，仅仅表示可以随时插入ATM信元。

59.B。【解析】GPRS(通用分组无线业务)采用的是分组技术，CDMA(码分多址)采用的是扩频技术，它们都是目前正使用的移动技术，TD－SCDMA、WCDMA和CDMA2000是目前开始实行的3G标准。

60.B。【解析】MSN使用微软自己定义的MSNP协议。

二、填空题

1.导航工具【解析】超媒体系统是由编辑器、导航工具和超媒体语言组成的。

2.MIPS【解析】每秒执行一百万条浮点指令的速度单位的英文缩写是MIPS。

3.通信费用【解析】拓扑设计是建设计算机网络的第一步，也是实现各种网络协议的基础，它对网络性能、系统可靠性和通信费用都有重大的影响。

4.扩频无线局域网【解析】无线局域网使用的是无线传输介质，按照采用的传输技术可以分三类：红外线局域网、窄带微波局域网和扩频无线局域网。

5. 非线性的【解析】超文本是由非线性的序列构成的。

6. 拥塞控制【解析】OSI参考模型中，网络层的主要功能有：路由选择、拥塞控制和网络互联等。

7. 变形系统【解析】一般来说，网络操作系统可分为两大类：面向任务型和通用型，而通用型网络操作系统又可分为两类：变形系统和基础级系统。

8. 报文分组存储转发【解析】存储转发交换可以分为两类：报文存储转发交换和报文分组存储转发。

9. 数据链路控制协议【解析】Windows NT操作系统内置四种标准网络协议：TCP/IP、MWLink协议、NetBIOS协议的扩展用户接口(NetBEUI)和数据链路控制协议。

10. 协议类型【解析】URL(统一资源定位器)主要由三个部分组成：协议类型、主机名、资源所在路径和文件名。

11. MAC地址【解析】虚拟局域网用软件方式来实现逻辑工作组的划分与管理，其成员可以用交换机端口号、MAC地址或网络层地址等进行定义。

12. 拒绝服务攻击【解析】拒绝服务攻击的定义是：它能不断对网络服务系统进行干扰，改变其正常的作业流程，执行无关程序使系统响应减慢甚至瘫痪，影响正常用户的使用甚至使合法用户被排斥而不能得到服务。

13. CA认证【解析】电子商务应用系统通常包含CA认证、支付网关系统、业务应用系统和用户及终端系统。

14. 密码分析学【解析】密码学对信息进行编码以实现隐蔽，密码分析学是研究分析破译密码的学问。两者相互独立，又相互促进发展。

15. 端到端【解析】在端到端加密方式中，由发送方加密的数据在没有到达最终目的结点之前是不被解密的。它对整个网络系统采取保护措施。

16. 消息认证【解析】目前有关认证的使用技术主要有：消息认证、身份认证和数字签名。

17. 稀疏模式【解析】域内组播路由协议可分为两种类型：密集模式和稀疏模式。

18. 并发【解析】交换式局域网通过以太网交换机支持交换机端口结点之间的多个并发连接，实现多结点之间数据的并发传输，因此可以增加局域网带宽，改善局域网的性能与服务质量。

19. 同轴电缆【解析】远端设备和用户之间则采用同轴电缆。从总体看来，HFC接入是以同轴电缆网络为最终接入部分的宽带网络系统。

20. 法律【解析】安全策略是指在一个特定的环境里，为保证提供一定级别的安全保护所必须遵守的规则。主要包含了建立安全环境的3个重要组成部分：威严的法律、先进的技术和严格的管理。

第2套　笔试考试试题答案与解析

一、选择题

1. C。【解析】286、386采用的是传统的复杂指令系统，即CISC技术；奔腾采用了许多精简指令系统的措施，即RISC技术；而安腾处理器采用了超越CISC与RIRS的最新设计理念，即简明并行指令计算(Explicitly Parallel Instruction Computing，EPIC)技术。

2. D。【解析】选项A是按CPU插座分类的；选项B是按主板本身的规格分类的；选项C是按数据端口分类的；选项D是按芯片集的规格分类的。

3. A。【解析】在局域网中，只允许数据在传输媒介中单向流动的是环形拓扑结构。

4. D。【解析】Access是著名的数据库软件。

5. A。【解析】超标量技术是通过内置多条流水线来同时进行多个处理，其实质是以空间换取时间。超流水线技术是通过细化流水、提高主频，使得在一个机器周期内完成一个甚至多个操作，其实质是以时间换取空间。

6. B。【解析】因为 $1024\times1024/(600\times800)\approx2$，也就是说，每个像素点有两个字节的数据相对应。每个字节由8位二进制数字构成，所以 $2^{16}=65536$，可以有65536种颜色。

7. A。【解析】数据传输速率在数值上等于每秒钟传输构成数据代码的二进制比特数。

8. B。【解析】在树形拓扑结构中，结点按层次进行连接，只有一个根结点，其他结点都只有一个父结点。信息交换主要在上、下结点之间进行，相邻及同层结点之间一般不进行数据交换或数据交换量小。

9. B。【解析】按照用途的不同，计算机软件分系统软件和应用软件两大类。系统软件是贴近硬件的底层软件，最核心的部分是操作系统。

10. B.【解析】机器指令是由二进制代码表示的，在计算机内部，只有二进制代码能被计算机的硬件系统理解并直接执行。

11. B.【解析】计算机网络由多个互联的结点组成，结点之间要不断地交换数据和控制信息。要做到有条不紊地交换数据，每个结点都必须遵守一些事先约定好的规则。这些规则精确地规定了所有交换数据的格式和时序。这些为网络数据交换而制定的规则、约定与标准被称为网络协议。

12. A.【解析】采用广播信道通信子网的基本拓扑结构有：总线型、树形、环形、无线通信与卫星通信型；采用点对点线路的通信子网的基本拓扑结构有：星形、环形、树形和网形；点对点式网络和广播式网络都可以使用的类型是树形和环形拓扑结构。

13. D.【解析】计算机网络层次结构模型和各层协议的集合定义为计算机网络体系结构。网络体系结构是对计算机完成功能的精确的定义，而这些功能是用什么样的软件和硬件实现的，则是具体的实现问题。体系结构是抽象的，而实现是具体的，是能够运行的一些硬件和软件。计算机网络中各层之间相互独立。高层并不需要知道底层是如何实现的，仅需要知道该层通过层间的接口所提供的服务。

14. B.【解析】报文交换是以报文为单位，在网络层进行；分组交换是以分组为单位，也是在网络层进行；帧中继交换是以帧为单位，在数据链路层进行；ATM异步传输模式是以信元为单位，在数据链路层进行。

15. D.【解析】计算机网络拓扑通过网中结点与通信线路之间的几何关系表示网络结构，计算机网络拓扑反映出网络中各实体间的结构关系，拓扑设计是建设计算机网络的第一步，也是实现各种网络协议的基础。

16. D.【解析】Ethernet地址是48位的，IP地址是32位，从长度也能得出它们不相同；MAC地址是固化在网卡EPROM中的地址，全网唯一，而IP地址是可变的；域名解析是域名和IP地址的映射关系，与MAC地址无关。

17. C.【解析】在OSI参考模型中，传输层主要是向用户提供可靠的端到端(end－to－end)服务，透明地传送报文，是计算机通信体系结构中最重要的一层。

18. D.【解析】1000BASE－LX标准使用的是单模光纤，光纤长度可达3000m。

19. C.【解析】数据链路的主要功能是：在物理层提供比特流传输服务的基础上，在通信实体之间建立数据链路连接，传送帧为单位的数据，路由选择功能是在网络层完成的，所以C不是数据传输各层实现的功能。

20. C.【解析】用路由器实现网络层互联时，允许互联网络的网络层及以下各层协议可以是相同的，也可以是不同的。

21. C.【解析】IEEE负责为网络适配器制造厂商分配Ethernet地址块，各厂商为自己生产的每块网络适配器分配一个唯一的Ethernet地址，Ethernet地址长度为48bit，共6个字节。

22. D.【解析】局域网增大了信息社会中资源共享的深度，扩大了信息社会资源共享的范围是广域网。

23. C.【解析】环形拓扑结构中，结点通过相应的网卡，使用点对点连接线路，构成闭合的环形。环中数据沿着一个方向绕环逐站传输。

24. B.【解析】在FDDI编码中每次对4位数据编码，每4位数据编码成5位符号，曼彻斯特编码是一种使用中位转变来计时的编码方式，数据通过在数据位开始转变来表示，令牌环局域网就是利用差分曼彻斯特编码方案。

25. A.【解析】最早使用随机争用技术的是美国夏威夷大学的校园网，即地面无线分组广播网ALOHA网。随后人们吸收了ALOHA方法的基本思想，增加了载波侦听功能设计出速率为10Mbps的Ethernet实验系统。ARPANET为美国国防部1969年建立的网络。

26. B.【解析】在直接交换方式中，交换机只要接收并检测到目的地址字段，就立即将该帧转发出去，而不管这一帧数据是否出错。帧出错检测任务由结点主机完成。

27. D.【解析】基于IP广播组的虚拟局域网(VLAN)可以根据服务灵活地组建，并且可以跨越路由器与广域网互联。

28. B.【解析】Wi－Fi无线局域网使用扩频的方法是：跳频扩频和直接序列扩频。

29. B.【解析】处理器管理主要是解决处理器的分配和高度问题；存储管理是管理主存储器资源；设备管理负责有效地管理各类外围设备；文件管理负责文件的存取、修改等操作并解决数据的存储、共享、保密和保护等问题。这些都是操作系统的主要功能。

30. D.【解析】网络操作系统的基本任务是：屏蔽本地资源与网络资源之间的差异、为用户提供基本的网络服务功能、管理网络系统的共享资源、提供网络系统的安全服务。

31. D.【解析】NetWare的缺点有4个：①工作站的资源无法直接共享；②安装及管理维护比较复杂；③多用户需同时获

取文件及数据时会导致网络效率低下;④服务器的运算功能没有得到发挥。

32.D.【解析】存储管理的一个重要任务是采取某些步骤以阻止应用程序访问不属于它的内存。

33.A.【解析】尽管 Windows NT 操作系统的版本不断变化,但从它的网络操作与系统应用角度来看,域模型和工作组模型这两个概念始终不变。

34.D.【解析】UNIX 系统将外设作为文件统一管理,称为特殊文件。这样可以使输入/输出硬件的接口与普通文件接口一致。

35.A.【解析】将 IP 地址与子网掩码转换为二进制形式,然后两者进行 AND 操作,即可得出 IP 地址为 202.113.224.68 的主机所在网络为 202.113.224.64,所以这台主机号为 68－64＝4。

36.C.【解析】发送数据的主机需要按 IP 协议来装载数据,路由器需要按 IP 地址指挥"交通",所以主机和路由器必须实现 IP 协议。而 TCP 是一个端到端的传输协议,所以主机通常需要实现 TCP 协议,路由器不必实现 TCP 协议。

37.D.【解析】集线器是局域网组网设备;主机是 Internet 信息资源和服务的载体,而通信线路是因特网的基础设施。

38.B.【解析】POP3 是邮局协议,它属于接收、阅读邮件的协议。

39.A.【解析】发送方收到一个零窗口通告时,必须停止向接收方发送数据,直到接收方重新通告一个非零窗口;选项 D 中,窗口通告可以有效控制 TCP 的数据传输流量,发送方发送的数据永远不会溢出接收方的缓冲空间。

40.B.【解析】WWW 服务系统中,信息资源以页面(也称网页或 Web 页)的形式存储在服务器(通常称为 Web 站点)中,这些页面采用超文本方式对信息进行组织,通过链接将一页信息链接到另一页信息,这些相互链接的页信息既可放置在同一主机上,也可放置在不同的主机上,因此,服务器可以没有创建和编辑 Web 页的功能。

41.B.【解析】当 FTP 服务器提供匿名 FTP 服务时,如果没有特殊声明,通常使用"anonymous"为账号,用"guest"作为口令。

42.A.【解析】域名有两种基本类型:以组织类别命名的域和以地理代码命名的域。常见的以组织类别命名的域,一般由 3 个字符组成,如表示商业机构的"com",表示教育机构的"edu"等。以地理代码命名的域,一般用两个字符表示,是为世界上每个国家和一些特殊的地区设置的,如中国为"cn",日本为"jp",美国为"us"等。但是美国国内很少用"us"作为顶级域名,而一般都使用以机构性质或类别命名的域名。

43.B.【解析】蛮力攻击即尝试可能的密钥,直到能够将密文正确解释为明文为止。一般情况下,要试一半的可能密钥才能成功,试完所有的密钥则一定能破译所有密文。$2^{55}\mu s \approx 1.1 \times 10^3$ 年。

44.A.【解析】故障管理的主要任务是发现和排除故障。

45.C.【解析】在电信管理网(TMN)管理者和代理之间所有的管理信息交换都是利用 CMIS 和 CMIP 实现的。

46.B.【解析】数字签名的目的在于表明身份且有不可抵赖性。参与数字签名的有收发双方和起到公正作用的第三方,在数字签名后,发送方不能否认发出去的消息,接收方可以确认发送方的真实性,但接收方不能伪造发送方的签名,也不能否认收到了发送方的消息,第三方用来证明这个信息的传递过程,并保证公正性。这些就要求发送方要将它的公钥在第三方进行登记认证,发送时,发送方先用他的私钥加密消息,再用接收方的公钥进一步加密,接收方用他的私钥解密以后,再用发送方的公钥进一步解密。由于发送方的公钥进行了登记,公开密钥技术表明目前人们还不能依据公钥做出私钥,所以只在登记的发送方拥有相应的私钥,可以做出用公钥解密的文件,从而证实了发送方的身份。

47.D.【解析】网络安全标准将网络安全性等级划分为 7 个等级,其中 A 类安全等级最高,D 类安全等级最低。

48.C.【解析】恺撒密码的算法是,对于原始消息(明文)中的每一个字母都用该字母后的第 n 个字母来替换,其中 n 就是密钥。然后用对应后的大写字母表示。

49.C.【解析】从通信网络的传输方面,数据加密技术还可以分为链路加密方式、点到点方式和端到端方式。

50.B.【解析】身份认证的方法分为两种:本地控制和可信任的第三方提供。S/Key 口令协议:运行于客户机/服务器环境中,是基于 MD4 和 MD5 的一次性口令生成方案。PPP 认证协议:最常用的建立电话线或者 ISDN 拨号连接的协议。Kerberos 协议:一种对称密码网络认证协议,使用 DES 加密算法,广泛应用于校园网环境。

51.D.【解析】防火墙能有效地防止外来的入侵,它在网络系统中的作用是:①控制进出网络的信息流向和信息包;②提供使用和流量的日志和审计;③隐藏内部 IP 地址及网络结构的细节;④提供虚拟专用网(VPN)功能。

52.A.【解析】消息认证的内容包括:证实消息的信源和信宿;认证消息内容是否曾受到偶然或有意的篡改,消息的序号和时间性是否正确。所以根据题干,本题选 A。

53.A.【解析】电子商务的交易类型主要包括企业与个人的交易(B to C)方式、企业与企业的交易(B to B)的应用模式。

54. B。【解析】Skype、eDonkey、BitTorent、PPLive 属于混合式结构的 P2P 网络；Gnutella、Shareaza、LineWire 和 BearShare 属于分布式非结构化结构的 P2P 网络；Pastry、Tapestry、Chord 和 CAN 属于分布式结构化结构的 P2P 网络。

55. B。【解析】证书是由 CA 安全认证中心发放的，它包含证书拥有者的基本信息和公开密钥。证书中包括证书申请者的名称及相关信息、申请者的公钥、签发证书的 CA 的数字签名及证书有效期等内容。

56. A。【解析】微波只能进行视距传播，因为微波信号没有绕射功能，所以两个微波天线只能在可视，即中间无物体遮挡的情况下才能正常接收。

57. B。【解析】目前窄带 ISDN 用在了 Internet 接入中，即所谓的"一线通"业务，它把 2B+D 信道合并为一个 144Kbps(B 信道为 64Kbps，D 信道为 16Kbps)的数字信道，通过这样一个适配器，用户可以用速率为 144Kpbs 的完整数字信道访问 Internet。

58. B。【解析】采用信元传输，面向连接、采用统计多路复用和提供服务质量保证都是 ATM 的重要特征。

59. A。【解析】搜索引擎一般包括 4 部分：搜索器、索引器、检索器和用户接口，检索器的功能是根据用户的查询在索引库中快速检索出文件。

60. D。【解析】ADSL 是非对称数字用户线；HFC 是光纤到同轴电缆混合网；GSM(全球移动通信系统)是一种数字移动电话系统，其带宽非常有限。Wi—Fi 和 LMDS 是当今无线宽带接入的热点技术。

二、填空题

1. 编译。【解析】解释就是输入一句源程序就翻译一句、执行一句；编译就是将整个源程序进行全部翻译转换。

2. 自由软件。【解析】按照软件的授权方式，软件可以分为商业软件、共享软件和自由软件三大类。

3. 点一点。【解析】也可写成点到点。直接连接两个需要通信的数据设备的物理通信称为点到点通信。

4. 通信。【解析】计算机网络拓扑是通过网络中结点与通信线路之间的几何关系表示网络结构，反映出网络中各实体间的结构关系。计算网络拓扑主要是指通信子网的拓扑结构。

5. LLC 或数据链路。【解析】网桥通过数据链路层间的连接将多个网段的计算机连接起来。

6. 并发联接或并发连接。【解析】交换式局域网从根本上改变了共享介质的工作方式，它可以通过支持交换机端口结点之间的多个并发连接达到增加局域网带宽、改善局域网的性能与服务质量的目的。

7. 路由选择。【解析】OSI 参考模型中，网络层要实现路由选择、拥塞控制和网络互联等功能。

8. 电子邮件协议 (SMTP)。【解析】应用层协议主要包含以下几项：①网络终端协议(TELNET)，用于实现互联网中远程登录功能。②文件传输协议(FTP)，用于实现互联网中交互式文件传输功能。③电子邮件协议(SMTP)，用于实现互联网中电子邮件的传送功能。④域名服务(DNS)，用于实现互联网设备名字到 IP 地址映射的网络服务功能。⑤路由信息协议(RIP)，用于实现网络设备之间交换路由信息功能。⑥网络文件系统(NFS)，用于实现网络中不同主机间的文件共享功能。⑦HTTP，用于实现 WWW 服务功能。

9. 对等网络。【解析】如果网络系统中的每台计算机既是服务器，又是工作站，则称其为对等网络。

10. 域。【解析】Windows NT Server 以域为单位集中管理网络资源。一个域中，只能有一个主域控制器，还可以有后备域控制器与普通服务器。

11. 目的主机。【解析】IP 数据使用标识、标志和片偏移三个域对分片进行控制，分片后的报文将在目的主机进行重组。由于分片后的报文独立地选择路径传送，因此，报文在投递途中将不会(也不可能)重组。

12. 56。【解析】DES 使用的密钥长度是 56 位。

13. CSMA/CD。【解析】IEEE 802.11 的 MAC 层采用的是 CSMA/CD 冲突避免方法，冲突避免要求每个结点在发送帧前先侦听信道。

14. 内嵌图像。【解析】图像与文本、表格等元素同时出现在主页中称为内嵌图像。

15. 简单网络管理协议(SNMP)。【解析】网络管理协议提供访问任何生产厂商生产的任何网络设备，并获得一系列标准值的一致方式。目前使用的标准网络管理协议包括：简单网络管理协议(SNMP)、公共管理信息服务协议(CMIS/CMIP)和局域网个人管理协议(LMMP)等。

16. 电子现金。【解析】常用的电子支付方式包括电子现金、电子信用卡和电子支票。

17. 用户验证。【解析】利用 IIS 建立在 NTFS 分区上的站点，限制用户访问站点资源的 4 种方法是：IP 地址限制、用户验证、Web 权限和 NTFS 权限。

18. 密钥分发中心(KDC)。【解析】通常使用的密钥分发技术有两种：CA 技术和 KDC 技术。CA 技术可用于公钥和保密密钥的分发，KDC技术可用于保密密钥的分发。

19. 配置管理。【解析】网络管理中的五大功能分别是：配置管理、故障管理、计费管理、性能管理和安全管理。

20. 信息。【解析】根据利用信息技术的目的和信息技术的处理能力来划分，电子政务的发展大致经历了面向数据处理、面向信息处理和面向知识处理三个阶段。

第3套　笔试考试试题答案与解析

一、选择题

1. B。【解析】在奔腾芯片上内置了一个分支目标缓存器，也称转移目标缓存器，用来动态预测程序分支的转移情况，它使流水线的吞吐率能保持较高的水平。

2. B。【解析】局部总线是解决I/O瓶颈的一项技术。一个是Intel公司制定的PCI标准，另一个是视频电子标准协会制定的VESA标准。PCI因被证明有更多优势而胜出。

3. D。【解析】系统的可靠性通常用平均无故障时间（MTBF）和平均故障修复时间（MTTR）来表示，MTTR是Mean Time To Repair的缩写，指修复一次故障所需要的时间。

4. B。【解析】超标量技术的特点是通过多条流水线来同时执行多个处理，其实质是以空间换取时间，超流水线技术的特点是通过细化流水、提高主频，使得在一个机器周期内完成一个甚至多个操作，其实质是以时间换取空间。奔腾芯片内置一个分支目标缓存器，用来动态地预测程序分支的转移情况。

5. B。【解析】主计算机系统称为主机，它是资源子网的主要组成单元，通过高速通信线路与通信子网的通信控制处理机相连接。

6. D。【解析】计算机的数据传输具有突发性的特点，通信子网中的负荷不稳定，随时可能产生通信子网的暂时与局部拥塞现象。因此广域网必须能适应大数据、突发性传输的需求，对网络拥塞有良好的控制功能。

7. B。【解析】在广域网中，人们普遍采用的数据传输速率标准为T1速率（1.544Mbps）与T3速率（44.736Mbps）的信道。

8. C。【解析】分布式操作系统与网络操作系统的设计思想是不同的，因此它们的结构、工作方式与功能也不相同。也就是说，分布式系统与计算机网络的主要区别不在它们的物理结构上，而是在高层软件上。

9. B。【解析】局域网中使用的双绞线可以分为两类：屏蔽双绞线与非屏蔽双绞线。屏蔽双绞线的抗干扰性能优于非屏蔽双绞线。

10. D。【解析】计算机网络拓扑是通过网中结点与通信线路之间的几何关系来表示网络结构，反映出网络中各实体间的结构关系。

11. B。【解析】香农定理指出在有随机热噪声的信道上传输数据时，数据传输速率与信道带宽、信号与噪声功率比之间的关系。而随机热噪声的信道上计算数据传输速率时使用香农定理，而不能使用奈奎斯特定理。

12. D。【解析】OSI网络结构模型共分为7层：应用层、表示层、会话层、传输层、网络层、数据链路层和物理层。其中最底层是物理层，最高层是应用层。

13. D。【解析】UDP是一种不可靠的无连接协议，它主要用于不要求按分组顺序到达的传输中，分组传输顺序检查与排序由应用层完成。

14. A。【解析】在下列情况中，令牌必须交出：没有数据帧等待发送；发送完所有帧；持有最大时间到。所以，当发送完所有帧后，必须交出令牌。

15. A。【解析】IEEE 802.3标准定义了CSMA/CD总线介质访问控制子层与物理层标准；IEEE 802.11标准定义了无线局域网访问控制子层与物理层标准；IEEE 802.15标准定义了近距离无线个人局域网访问控制子层与物理层的标准；802.16标准定义了带宽无线局域网访问控制子层与物理层的标准。

16. D。【解析】按覆盖的地理范围进行分类，计算机网络可以分为局域网、广域网与城域网。

17. A。【解析】IP路由器设计的重点是提高接收、处理和转发分组速度，其功能是由硬件实现的，使用专用的集成电路ASIC芯片，而不是路由处理软件。传统的IP转发功能是由路由软件实现的。

18. B。【解析】数据链路层的互联设备是网桥。

19. B。【解析】令牌帧中含有一个目的地址；令牌总线方法的介质访问延迟时间有确定值；逻辑环中，令牌传递是从高地址传到低地址，再由最低地址传送到最高地址；令牌是一种特殊结构的控制帧，用来控制结点对总线的访问权。

20. C.【解析】虚拟局域网成员的定义方法上，通常有以下4种：①用交换机端口号定义虚拟局域网；②用MAC地址定义虚拟局域网；③用网络层地址定义虚拟局域网；④用IP广播组地址定义虚拟局域网。

21. A.【解析】普通的集线器一般都提供两类端口：一类是用于结点的RJ—45端口；另一类端口可以是用于连接粗缆的AUI端口及用于连接细缆的BNC端口，也可以是光纤连接端口，这类端口称为向上连接端口。

22. A.【解析】无线局域网采用的数据传输技术有：红外线局域网、扩频无线局域网和窄带微波局域网。

23. B.【解析】本题目的是考查结构化布线的基本概念。结构化布线与当前连接设备的位置无关，将所有的可能位置都布好线，其余说法均正确。

24. B.【解析】IEEE 802.11的MAC采用CSMA/CD的冲突避免方法，冲突避免要求每个结点在发送帧前先侦听信道。

25. A.【解析】网络互联的功能可以分为基本功能与扩展功能两类。基本功能指的是网络互联所必需的功能，它包括不同网络之间传送数据时的寻址与路由功能选择等。扩展功能指的是当各种互联的网络提供不同的服务类型时所需的功能，它包括协议转换、分组长度变换、分组重新排序及差错检测等功能。

26. D.【解析】光纤分布式数据接口(FDDI)是一个使用光纤作为传输媒体的令牌环节网。其数据传输速率为100Mbps，连网的结点数不大于1000，环路长度为100km。

27. B.【解析】操作系统能找到磁盘上的文件，是因为有磁盘文件名与存储位置的记录。在Windows中，使用的是VFAT(虚拟文件表)，在DOS中，使用的是FAT文件表，在OS/2中，使用的则是HPFS(最高性能文件系统)。

28. A.【解析】尽管Windows NT操作系统的版本不断变化，但从它的网络操作与系统应用角度来看，有两个概念是始终不变的，那就是工作组模型与域模型。

29. D.【解析】基于网络安全的考虑，NetWare提供了4级安全保密机制：注册安全、用户信任者权限、最大信任者屏蔽和目录与文件属性。

30. A.【解析】UNIX系统分为两部分：系统内核和系统外壳。它采用进程对换的内存管理机制和请求调页的存储管理方式，实现了虚拟存储管理，大大提高了内存的使用效率。它提供了功能强大的Shell编程语言，它的树形结构文件系统有良好的安全性、保密性和可维护性。

31. D.【解析】IP地址把4个字节的二进制数值转换成4个十进制数值，每一个数值都应该小于等于255。

32. A.【解析】通信线路归纳起来有两种：有线线路和无线线路，而不是数字线路和模拟线路。

33. D.【解析】C类IP地址仅用8位表示主机，21位表示网络，所以在一个网络中理论上最多连接256(2^8)台设备，因此适用于较小规模的网络。IP具有两种广播地址形式，直接广播包含一个有效的网络号和一个全"1"的主机号，有限广播地址是32位全"1"的IP地址，前5个字节为11110的E类地址，E地址则保留为今后使用。

34. A.【解析】使用超链接(HyperLink)技术，用户在信息检索时可以从一台Web Server上自动搜索到另一台Web Server，从而使用户的信息检索过程接近于人们在信息检索时的思维过程，使用户在Internet中的信息检索的过程变得非常容易。

35. A.【解析】在使用子网编址的网络中，子网掩码需要扩充入路由表，因为只有子网掩码同目的IP地址进行逻辑"与"操作，才能得到目的子网的网络地址。

36. C.【解析】TCP在转发分组时是要按序进行的，而UDP既不使用确认信息对数据的到达进行确定，也不对收到的数据进行排序。

37. C.【解析】STMP是简单邮件传送协议(Simple Mail Transfer Protocol)，电子邮件使用的就是SMTP协议，而FTP是文件传输协议(File Transfer Protocol)，DNS是域名服务(Domain Name Service)，Telnet是远程终端访问协议(Telecommunication Network)。

38. B.【解析】远程登录允许任意类型的计算机之间进行通信，主要是因为所有的运行都是在远程计算机上完成的，用户计算机只是作为一台仿真终端向远程计算机传送击键命令信息和显示命令执行结果。

39. C.【解析】无论从用户计算机传出，还是从ISP的RAS传回用户计算机，电话线路中传送的都是模拟信号。

40. A.【解析】WWW服务的特点主要有：以超文本方式组织网络多媒体信息；用户可以在世界范围内任意查找、检索、浏览及添加信息；提供生动直观、易于使用、统一的图形用户界面；服务器之间可以互相链接；可访问图像、声音、影像和文本信息。

41. D.【解析】欧洲安全准则定义了7个评估级别：E0级表示不充分的保证，是最低等级；E2级除了有E1级的要求外，还必须对详细的设计有非形式化的描述;E5级除了有E4级的要求外,还在详细的设计和源代码或硬件设计图之间有紧密的对应关系。故只有D项正确。

42.A.【解析】用户从CA安全认证中心申请自己的证书,并将该证书装入浏览器,利用其在因特网上表明自己的身份。如果因特网上的其他站点希望了解用户的真实身份,用户可以将自己的数字证书传送给该站点,它可以通过用户的证书颁发单位确认用户的身份,从而避免他人假冒自己的身份在因特网中活动。

43.C.【解析】病毒是可以修改其他程序并"感染"它们的一种特殊程序,被修改的程序里包含了病毒程序的一个副本,这样它们又会去感染其他程序。

44.D.【解析】被动攻击是试图了解或利用系统的信息,但不影响系统资源;非服务攻击是不针对某项具体应用服务,而是基于网络底层协议进行的;安全攻击中没有威胁攻击;服务攻击是针对某种特定网络服务的攻击。

45.A.【解析】IDEA主要采用的三种运算为异或、模加和模乘,并不包括同或。

46.A.【解析】主动攻击指攻击访问其所需信息的故意行为。主动攻击包含拒绝服务攻击、信息篡改、资源使用、假冒和重放等攻击方法。

47.A.【解析】公钥密码体制有两个不同的密钥,它可将加密功能和解密功能分开。一个密钥称为私钥,它被秘密保存,用于解密;另一个密钥称为公钥,它不需要保密,用于加密,公钥加密方案由6部分组成:明文、加密算法、公钥与私钥、密文和解密算法。加密机制的安全性取决于密钥的保密性,而不是算法的保密性。

48.D.【解析】注意区别几种容易混淆的安全攻击:①截取:信息从信源向信宿流动,在未授权的情况下可以复制此信息。②修改:信息从信源向信宿流动,在未授权的情况下可以修改此信息,再传递给信宿。③捏造:未授权的实体向系统中插入伪造的对象。

49.D.【解析】结点到结点的加密方式是为了解决在结点中数据是明文的缺点,在中间结点里装有加密和解密的装置,由这个装置来完成一个密钥向另一个密钥的变换。

50.C.【解析】身份认证一般分为三种:一是个人知道的某种事物,二是个人,三是个人特征。其中图章、标志和钥匙都属于个人特征。

51.A.【解析】配置管理的目标是:掌握和控制网络的配置信息,从而保证网络管理员可以跟踪、管理网络中各种设置的运行状态。内容可分为两部分:对设备的管理和对设备连接关系的管理,对设备的管理包括:识别网络中的各种设备,确定设备的地理位置、名称和有关细节,记录并维护设备参数表;使用适当的软件设置参数值和配置设备功能;初始化、启动和关闭网络或网络设备。

52.A.【解析】目前广泛使用的电子邮件安全方案是PGP和S/MIME,MIME是发送媒体邮件的协议,TCP是传输层协议,IPSec是在网络层提供安全的一组协议。

53.D.【解析】最简单的防火墙由包过滤路由器组成,而复杂的防火墙系统由包过滤路由器和应用级网关组成。代理服务器技术是实现防火墙的主流技术之一。

54.B.【解析】统一的安全电子政务平台中的接入平台可以提供对访问用户物理接入的安全控制。

55.D.【解析】数字版权管理技术是实现IPTV产业化发展的必要技术条件之一,只有具有这项技术,才能实现有偿服务。数字版权管理就是类似的授权和认证技术,它可以防止视频的内容被非法使用。

56.C.【解析】电子商务活动需要一个安全的环境基础,以保证数据在网络传国中的安全性和完整性,实现交易各方的身份认证,防止交易中抵赖的发生。

57.C.【解析】数字证书中包含有用户的基本信息、用户的公钥信息以及认证中心的签名信息,所以答案选C。

58.D.【解析】ADSL是一种非对称技术,所谓非对称是指用户线的上行速率与下行速率不同,上行速率低,下行速率高。它使用一对线路进行信号传输,可以充分利用现有电话线提供数字接入,利用分离器实现语音和数字信号的分离。

59.D.【解析】B-ISDN业务分交互型和发布型两类,交互型业务包括:会话性业务、消息性业务、检索性业务。发布型业务包括:不由用户参与的业务(电视、广播)、由用户参与发布的业务(传统的图文电视、全通道广播可视图文)。

60.B.【解析】整个SDH帧可分为段开销区域(SOH)、管理单元指针区域(AUPTR)、净负荷区域(PAYLOAD)三类。

二、填空题

1.平均寻道时间。【解析】平均寻道时间是指磁头沿着盘径移动到需要读写的那个磁道所花费的平均时间,时间等待时间是指需要读写的扇区旋转到磁头下面所花费的平均时间。

2.非线性的。【解析】传统文本都是线性的,读者一段接一段、一页一页顺序阅读。而超文本是非线性的,读者可以根据自己的兴趣决定阅读哪一部分的内容。从本质上讲，超文本更符合人的思维方式。

3. 体系结构　或　Network Architecture。【解析】将计算机网络层次模型和各层协议的集合定义为计算机网络体系结构(Network Architecture)。

4. 网络结点。【解析】通信子网由通信控制处理机、通信线路与其他通信设备组成。通信控制处理机在网络拓扑结构中被称为网络结点。

5. 信噪比。【解析】数据传输速率 R_{max} 与信道带宽 B、信躁比 S/N 的关系为 $R_{max}=B\cdot\log_2(1+S/N)$。

6. 带宽。【解析】交换式局域网从根本上改变了"共享介质"的工作方式，它可以通过 Ethernet Switch 支持端口之间的多个并发连接。因此，交换式局域网可以增加网络带宽，改善局域网性能与服务质量。

7. 网络。【解析】路由选择是在 OSI 参考模型的网络层实现的，相当于 TCP/IP 中的互联层。

8. Shell。【解析】UNIX 是多用户、多任务的系统，并且 UNIX 大部分是用 C 语言编写的，提供了 Shell 编程语言、丰富的系统调用。UNIX 采用树形文件系统，提供多种通信机制，还采用进程对换的内存管理。

9. 服务器。【解析】NetWare 文件系统所有的目录与文件都建立在服务器硬盘上。在 NetWare 环境中，访问一个文件的路径为：文件服务器名\卷名：目录名\子目录名\文件名。

10. edu。【解析】bbs. pku. edu. cn 的一级域名是 cn，代表中国。二级域名是 edu，代表教育机构。三级域名是 pku，代表北京大学。主机名是 bbs。

11. 递归解析。【解析】域名解析可以有两种方式：一种方式叫递归解析，要求名字服务器系统一次性完成全部名字-地址变换；另一种叫反复解析，每次请求一个服务器，不行再请求别的服务器。

12. 路由器。【解析】路由器是 Internet 中最重要的设备，它是网络之间相互的连接的桥梁。

13. 目的主机。【解析】由于利用 IP 进行互联的各个物理网络所能处理的最大报文长度有可能不同，所以 IP 报文在传输和投递的过程中有可能被分片。IP 数据报使用标识、标志和片偏移三个域对分片进行控制，由于分片后的报文独立地选择路径传送，因此报文在投递途中将不会(也不可能)重组。分片后的报文将在目的主机进行重组。

14. 默认。【解析】路由器包含一个非常特殊的路由：默认路由。如果没有发现某一特定网络或特定主机的路由，那么把数据报发送给默认路由。

15. 控制。【解析】浏览器通常由一系列的用户单元、一系列的解释单元和一个控制单元组成。

16. 密钥。【解析】密钥决定了明文到密文的映射。加密算法使用的密钥是加密密钥，解密算法使用的密钥是解密密钥。

17. 完整性验证。【解析】认证的主要目的是验证信息的发送者是否是真实的，这称为信源识别；保证信息在传送过程中未被篡改、重放或延迟，这称为完整性验证。

18. 一或 1。【解析】ADSL 技术通常使用一对双绞线进行信息传输。

19. 安全。【解析】电子政务系统需要先进而可靠的安全保障，这是所有电子政务系统都必须要解决的一个关键性问题。

20. 分布式非结构化。【解析】P2P 网络存在集中式、分布式非结构化、分布式结构化和混合结构化 4 种主要结构类型。

第 4 套　笔试考试试题答案与解析

一、选择题

1. A。【解析】MTBF 指多长时间系统发生一次故障，即平均无故障时间。MTTR 指修复一次故障所需要的时间，即平均故障修复时间。

2. D。【解析】计算机内部采用二进制计数和运算，只有 0 和 1 两个数字，逢二进一，所以 F 应写为 01000110。本题答案为 D。

3. C。【解析】奔腾处理器的技术特点如下：①超标量技术，通过内置多条流水线来同时执行多个处理，其实质是以空间换取时间；②超流水线技术，通过细化流水、提高主频，使得在一个机器周期内完成一个甚至多个操作，其实质是以时间换取空间；③分支预测，奔腾芯片上内置了一个分支目标缓存器，用来动态地预测程序分支的转移情况，从而保持流水线有较高的吞吐率；④双 Cache 的哈佛结构，指令与数据分开，它对于保持流水线的持续流动有重要意义；⑤固化常用指令，奔腾把常用指令用硬件实现，不再使用微代码操作，以提高指令的运行速度；⑥增强的 64 位数据总线，奔腾的内部总线为 32 位，但它与存储器之间的外部总线增为 64 位；⑦采用 PCI 标准的局部总线，它有更多的优越性，它能容纳更先进的硬件设计，支持多处理、多媒体以及数据量很大的应用；⑧错误检测及功能冗余校验技术；⑨内建能源效率技术；⑩支持多重处理等。

4. A.【解析】本题考查主板的分类。主板分类方法很多，按照不同的标准就有不同的分类方法：①按 CPU 插座可分为 Socket 7、Slot 1 主板；②按主板的规格可分为 AT、Baby-AT、ATX 主板；③按数据端口可分为 SCSI、EDO、AGP 主板；④按照芯片集可分为 TX、LX、BX 主板。

5. D.【解析】局部总线技术有两个标准，分别是 PCI 标准和 VESA 标准。其中，PCI 标准称为外围部件接口。另一个是视频电子标准协会的 VESA 标准。事实证明，PCI 标准有更多的优越性。

6. C.【解析】本题考查应用软件的基本知识。Word 是字处理软件，Excel 是电子表格软件，PowerPoint 是演示文稿软件，Access 是数据库软件，Outlook 是电子邮件，这些软件都属于微软 Office 办公软件系列。

7. A.【解析】Internet 是通过路由器实现多个广域网和局域网互联的大型网际网。在路由器互联的多个局域网中，通常要求每个局域网的数据链路层与物理层可以不同，但是数据链路层以上的高层要采用相同的协议。

8. B.【解析】计算机网络拓扑是通过网中结点与通信线路之间的几何关系表示网络结构，反映出网络各实体间的结构关系。主要是指通信子网的拓扑结构。

9. C.【解析】数据传输速率在数值上等于每秒钟传输构成数据代码的二进制比特数，单位比特/秒，记做 b/s 或 bps。对于二进制数据，数据传输速率为 S=1/T，T 为传送每一比特所需要的时间。1Kbps=1024bps，1Mbps=10^{24} Kbps，1Gbps=10^{24} Mbps，所以传送 1bit 数据时，所用的时间约为 1×10^{-10} s。

10. B.【解析】OSI 模型将通信功能划分为 7 个层次，其划分层次的原则为：①网中各结点都有相同的层次；②不同结点的同等层具有相同的功能；③同一结点内相邻层之间通过接口通信；④每一层使用下层提供的服务，并向其上层提供服务；⑤不同结点的同等层按协议实现对等层之间的通信。

11. A.【解析】在 OSI 参考模型中，网络层的主要任务是通过路由算法为分组通过通信子网选择最恰当的路径。主要实现选择、拥塞控制与网络互联的功能。

12. B.【解析】TCP/IP 参考模型的 4 个层次分别为应用层、传输层、互联层与主机-网络层。TCP/IP 的应用层与 OSI 参考模型的应用层、表示层、会话层相对应；TCP/IP 参考模型的传输层与 OSI 参考模型的传输层相对应；TCP/IP 参考模型的互联层与 OSI 参考模型的网络层相对应；TCP/IP 参考模型的主机-网络层与 OSI 参考模型的数据链路层和物理层相对应。

13. B.【解析】传输层的主要功能是负责应用进程之间的端到端通信，它与 OSI 参考模型的传输层是相似的。

14. A.【解析】光纤的主要特点是低误码率、高带宽。通常用于距离较长、传输速率高、抗干扰和保密性能强的领域。

15. C.【解析】TCP 和 UDP 分别拥有自己的端口号。HTTP 所采用的 TCP 端口是 80，FTP 采用的是 21，POP3 采用的是 110。所以本题答案为 C 选项。

16. D.【解析】FTP 即文件传输协议，使用 TCP，其 TCP 端口号为 21。TFTP 为简单文件传送服务，使用 UDP，其 UDP 端口号是 69。

17. B.【解析】在 TCP/IP 参考模型中，应用层包括了所有的高层协议：HTTP(超文本传输协议)；TELNET(网络终端协议)；FTP(文件传输协议)；SMTP(简单邮件传输协议)；NFS(网络文件系统)；DNS(域名服务系统)；RIP(路由信息协议)等。ARP 域名解析协议属于网络层。

18. A.【解析】100BASE-T 标准采用了介质独立接口(MII)，它将 MAC 子层与物理层分隔开。

19. B.【解析】本题以太网交换机中，对于 10Mbps 的端口，半双工端口带宽为 10Mbps，全双工的为 20Mbps。对于 100Mbps 的端口，半双工端口带宽为 100Mbps，全双工的为 200Mbps。

20. C.【解析】1000BASE-T 标准使用 5m 非屏蔽双绞线，双绞线长度最长可以达到 100m。

21. D.【解析】简单的 10Mbps 交换机价格便宜，但问题是只能提供固定数量的端口，当多台计算机和服务器通信时极容易出现冲突。如果用 100Mbps 价格比较贵，显然也不合适。10/100Mbps 自适应的交换机采用了 10/100Mbps 自动检测技术，自动检测端口连接设备的传输速率与方式，并自动作出调整。多个 10Mbps 端口交换机作为主体，少量 10/100Mbps 端口交换机作为调节，端口要多，这样的组网方式既经济又实用。

22. C.【解析】VLAN(虚拟局域网)建立在传统局域网的基础上，以软件的形式来实现逻辑工作组的划分和管理。VLAN 组网方法灵活，同一逻辑组的结点不受物理位置限制，同一逻辑组的成员不一定要连接在同一物理网段上。

23. C.【解析】使用非屏蔽双绞线组建 Ethernet 时可以使用以下网卡接口：①带有 RJ-45 接口的以太网卡；②集线器(HUB)；③RJ-45 连接头；④3 类或 5 类非屏蔽双绞线。

24. B.【解析】建筑物综合布线系统一般采用非屏蔽双绞线来支持低速语音及数据信号，但随着局域网技术的发展，现在一般是采用光缆和非屏蔽双绞线混合的连接方式。

25. D.【解析】IEEE 802.11a 协议中将数据传输速率提高到 54Mbps。

26. D.【解析】文件 I/O 负责管理在硬盘和其他大容量存储设备中存储的文件,操作系统通过磁盘上的文件名与存储位置的记录找到磁盘上的文件:DOS 系统中称为文件表(FAT)。Windows 系统中称为虚拟文件表(VFAT);在 OS/2 中称为高性能文件系统(HPFS)。一般而言 HPFS 要优于 FAT 和 VFAT。

27. A.【解析】网络操作系统 NOS 的基本功能有:①屏蔽本地资源和网络资源之间的差异;②为用户提供各种基本网络服务功能;③完成网络共享资源的管理;④提供网络系统的安全性服务。

28. C.【解析】因为 Windows 2000 Server 采用了活动目录服务,所有的域控制器之间都是平等的关系,不再区分主域控制器与备份域控制器。

29. A.【解析】NetWare 采用了三级容错系统。第一级容错采用了双重目录与文件分配表、磁盘热修复与写后读验证等措施;第二级容错包括硬盘镜像与硬盘双工功能;第三级容错提供了文件服务器镜像功能。

30. C.【解析】Linux 是免费的开源软件,支持几乎所有硬件平台:x86、Sparc、Digital、Alpha 和 PowerPC 等。

31. C.【解析】1969 年 AT&T 公司贝尔实验室的 Kenneth L. Thompson 用 PDP-7 的汇编指令编写了 UNIX 的第一个版本 V1。1973 年 Dennis M. Ritchie 用他发明的 C 语言重写了 UNIX。UNIX 的文件系统不是网状,而是树形文件系统。此外,UNIX 提供了强大的可编程 Shell 语言,即外壳语言,作为用户界面。

32. D.【解析】路由器是网络之间的桥梁,是 Internet 中最重要的设备。

33. B.【解析】IP 协议的特点是提供不可靠的数据传输服务,是一种面向无连接的传输服务,提供尽最大努力的数据报投递服务。

34. B.【解析】IP 具有两种广播地址形式:直接广播地址包含一个有效的网络号和一个全“1”的主机号,如 C 类地址 202.93.120.255。32 位全为“1”的 IP 地址(255.255.255.255)被称做有线广播地址。IP 地址由 32 位二进制数组成,全“1”即 11111111,换成十进制其实就是 255。

35. D.【解析】路由器 S 两侧是网络 40.0.0.0 和网络 50.0.0.0,这里 IP 地址的网络号是 10.0.0.0,那么 S 就必须将该报文传送给其直接相连的另一个路由器,即左侧最近的 40.0.0.7,再由这个路由器进行传递。

36. A.【解析】由于域名解析在因特网中频繁发生,严格按照自树根至树叶的搜索方法将造成根域名服务负担繁重甚至瘫痪,因此实际的域名解析是从本地域名服务器开始的。

37. B.【解析】向服务器传输邮件时要使用 SMTP(简单邮件传输协议),从服务器读取邮件时要使用 POP3(邮局协议)或 IMAP(交互式邮件存取协议)。邮件服务器之间互相传递也使用 SMTP。

38. C.【解析】Telnet 客户机进程与服务器进程之间采用了网络虚拟终端(NVT)标准来通信。客户机和服务器都必须实现 NVT,来一起完成用户终端格式、远程主机系统格式以及 NVT 本身的转换。

39. B.【解析】HTML 即超文本标记语言,其主要特点就是可以将声音、图像和视频等多媒体信息集成在一起,但是 HTML 本身并不包含这些文件,而只是提供了链接。

40. A.【解析】使用 CA 安全认证是验证 Web 站点的最好办法。浏览站点前要求 Web 站点将其从 CA 安全认证中心申请的数字证书发送过来。如果计算机用户信任该证书的发放单位,浏览器就可以通过该单位来认证数字证书的有效性,从而验证了 Web 站点。

41. A.【解析】通过电话线路接入因特网,除了计算机和一部电话外,只需为计算机配置一个调制解调器(即“猫”)。

42. D.【解析】有效 IP 地址由 4 个小于等于 255 的数字组成,每位数字中间用“.”分开。

43. C.【解析】性能管理包括监视和调整两大功能。监视是跟踪网络活动,调整是指通过改变设置来改善网络的性能。产生费用报告是归属于网络计费管理内的。

44. C.【解析】TMN 电信管理网中,管理者与代理之间所有的管理信息交换都是利用 CMIS(电力建设企业信息化管理)和 CMIP(通用管理信息协议)实现的。

45. D.【解析】美国可信计算机安全评价标准(TCSEC)将计算机系统的安全划分为 4 个等级、7 个级别。C2 系统比 C1 系统加强了可调的审慎控制。在连接到网络上时,C2 系统的用户分别对各自的行为负责。C2 系统通过登录过程、安全事件和资源隔离来增强这种控制。C2 系统具有 C1 系统中所有的安全性特征。能够达到 C2 级的操作系统有 UNIX、XENIX、NetWare 3.x 或更高版本以及 Windows NT 等。Windows 3.x、Windows 95/98 和 Apple System 7.x 是 D1 级的计算机系统。

46.D。【解析】安全攻击中，修改攻击是指未授权的实体不仅得到了访问权，而且篡改了资源，这是对完整性的攻击。

47.B。【解析】序列密码的优点是：处理速度快、实时性好；错误传播小；不易被破译；适合军事、外交等保密信道。其缺点是：明文扩展性差；插入信息敏感性差；需要密钥同步。

48.C。【解析】RC5是常规加密算法，它是参数可变的分组密码算法，可变的参数分别为：分组大小、密钥大小和加密轮数。在此算法中使用了异或、加和循环三种运算方式。

49.D。【解析】目前公钥体制的安全基础主要是数学中的难解问题。目前最流行的有两类：一类是基于大整数因子分解问题，如RSA体制；另一类是基于离散对数问题，如Elgamal体制、椭圆曲线密码体制。

50.B。【解析】密钥分发技术有CA技术和KDC技术两种。CA技术可用于公钥和保密密码的分发。KDC技术可用于保密密码的分发，也可提供临时的会话密码。

51.C。【解析】MD5算法和安全散列算法SHA都是不可逆加密算法。MD5按512比特块来处理其输入，产生一个128位的消息摘要。

52.B。【解析】防火墙是指为了增强机构内部网络的安全性而设置在不同网络或网络安全域之间的一系列部件的组合。防火墙可以制定和执行网络访问策略，向用户和服务提供访问控制。防火墙还可以把未授权的用户排除到受保护的网络之外，禁止危及安全的服务进入或离开网络，防止各种IP盗用和路由攻击。防火墙只可以组织攻击者获取攻击网络系统的有用信息，却不能对其进行反向追踪。

53.A。【解析】通过CA安全认证系统发放的证书来确认身份是目前普遍的做法。

54.D。【解析】本题考查EDI与EDP的知识。EDP(电子数据处理)是实现EDI(电子数据交换)的基础和必要条件。

55.C。【解析】SET(安全电子交易)是为保障信用卡在网络支付中遇到的安全问题而开发的。

56.B。【解析】电子政务发展的三个阶段是：面向数据、面向信息、面向知识。

57.A。【解析】电子政务的逻辑结构分成三个层次：基础设施层、统一的安全电子政务平台层、电子政务应用层。其中，基础设施层是为电子政务系统提供政务信息及其他运行管理信息的传输和交换的平台，是整个系统的最终信息承载者。

58.D。【解析】B-ISDN业务分为交互型和发布型。发布型业务包括两大类：一类是不由用户参与的业务，如电视、电台广播；另一类是由用户参与发布的业务，如传统的图文电视和全通道广播可视图文。

59.A。【解析】非对称数字用户线(ADSL)由中央交换局侧的局端模块和用户侧的远端模块组成。连接这两个模块的双绞线都接入了一个POTS分离器。

60.B。【解析】TD-SCDMA、WCDMA和CDMA2000都是3G标准，GPRS与CDMA都是现阶段正使用的移动技术。

二、填空题

1.MFLOPS【解析】MFLOPS即每秒执行百万个浮点数。而MIPS表示每秒执行百万条指令。

2.静止【解析】JPEG是在国际标准化组织(ISO)领导之下制定静态图像压缩标准的委员会，第一套国际静态图像压缩标准ISO 10918-1(JPEG)就是该委员会制定的。

3.无线【解析】计算机网络采用了多种通信介质，如电话线、双绞线、同轴电缆、光纤、无线(微波与卫星)通信信道。

4.拥塞【解析】广域网必须能适应大数据、突发性传输的需求，并能对网络拥塞有良好的控制功能。

5.服务【解析】某一层的服务就是该层及其以下层的服务能力，它通过接口提供给更高一层。

6.TCP(传输控制协议)【解析】传输层定义了两种协议：传输控制协议(TCP)和用户数据报协议(UDP)。TCP是一种可靠的面向连接的协议，它允许把源主机的字节流无差错地传送到目的主机。UDP是一种不可靠的无连接协议。

7.标记【解析】多标签交换技术(MPLS)的提出主要是为了更好地将IP地址与ATM高速交换技术结合起来，实现IP分组的快速交换，其核心是标记交换。标记(Label)是一个用于数据分组交换的、短的、固定长度的转发标识符。

8.硬件【解析】第三层交换机工作在网络层，根据网络层地址实现了第三层分组的转发，其本质上是用硬件实现的一种高速路由器。

9.虚拟【解析】Windows和OS/2的内存管理较之DOS更为复杂，如果系统中内存不够，就可以从硬盘的空闲空间中生成虚拟内存来使用。

10.Sun OS【解析】Solaris是Sun公司的UNIX系统，它是在Sun公司自己的Sun OS的基础上进一步设计开发而成的，它运行在使用Sun公司的RISC芯片的工作站和服务器上。Solaris也有基于Intel x86的UNIX系统，Solaris 7系统产品是Sun用于网络计算的基本操作系统，硬件环境为Intel和SPARC系统。

11.URL【解析】统一资源定位符(URL)也被称为网页地址，是因特网上标准的资源的地址。通过URL用户可以指定要访问什么协议类型的服务器、哪台服务器、服务器的哪个文件等。

12.点分十进制【解析】IP地址由32位二进制数值组成(4个字节),为了用户记忆使用,采用了点分十进制标记法,即将4个字节的二进制数值转化成4个数值小于等于255的十进制数值。

13.204.25.62.79【解析】此路由器不能直接投递到130.3.25.8,只能投往与其直接相连的另一个路由器204.25.62.79,再由这个路由器传递给网络130.3.25.8。

14.调整【解析】性能管理包括监视和调整两大功能。监视是跟踪网络活动,调整是指通过改变设置来改善网络的性能。

15.可用性【解析】网络安全的目标就是网络上的信息安全,就是实现信息的机密性、合法性、完整性和可用性。

16.被动【解析】安全攻击分为被动攻击和主动攻击两种。属于被动攻击的有信息内容的泄露和通信量分析。

17.接收方【解析】在端到端加密方式中,由发送方加密的数据在没有到达最终目的结点之前是不被解密的。加密只在源结点进行,解密只在目的结点进行。

18.服务器【解析】支付型的业务系统必须配备具有支付服务功能的支付服务器(SET标准),该服务器通过支付服务软件(也称为电子柜员机软件)系统接入因特网,通过支付网关系统与银行进行信息交换。

19.一站式【解析】公民或企业只要登录电子政务的门户站点,就可以得到完整的服务,这被称为一站式电子政务服务。

20.分插复用器或ADM【解析】SDH网的主要网络单元有终端复用器、数字交叉连接设备和分插复用器。

第5套 笔试考试试题答案与解析

一、选择题

1.A。【解析】2008年参与国际奥委会"TOP"计划的企业有可口可乐、柯达、通用电气、松下、三星、麦当劳、联想、源讯、宏利人寿、欧米茄和VISA等。微软不是2008年北京奥运会赞助商。

2.D。【解析】本题给出1的ASCII码为00110001,2的ASCII码为00110010,所以0的ASCII码为00110000,8的ASCII码为00111000,2008的ASCII码为:00110010 00110000 00110000 001110000。所以本题答案为D。

3.A。【解析】主板按CPU芯片分类,可以分为:386主板、486主板、奔腾主板、高能奔腾(Pentium Pro)主板、Cyrix 6x86、AMD 5X86等。按主板的结构可以分为AT标准尺寸主板、Baby AT袖珍尺寸的主板、ATX改进型AT主板等。按CPU插座可以分为Slot 1主板和Socket 7等。按数据端口可以分为SCSI(小型计算机系统接口)主板、AGP(高级图形端口)主板和EDO主板等。所以本题正确答案为A。

4.B。【解析】奔腾芯片的技术特点有:①超标量技术,通过内置多条流水线来同时执行多个处理,其实质是以空间换取时间;②超流水线技术,通过细化了流水、提高主频,使得在一个机器周期内完成一个甚至多个操作,其实质是以时间换取空间;③分支预测,奔腾芯片上内置了一个分支目标缓存器,用来动态地预测程序分支的转移情况,从而保持流水线有较高的吞吐率;④双Cache的哈佛结构,指令与数据分开。它对于保持流水线的持续流动有重要意义;⑤固化常用指令,奔腾把常用指令用硬件实现,不再使用微代码操作,以提高指令的运行速度;⑥增强的64位数据总线,奔腾的内部总线为32位,但它与存储器之间的外部总线增为64位;⑦采用PCI标准的局部总线,它有更多的优越性,它能容纳更先进的硬件设计,支持多处理、多媒体以及数据量很大的应用;⑧错误检测及功能冗余校验技术;⑨内建能源效率技术;⑩支持多重处理等。

5.A。【解析】多媒体计算机处理图形、图像、音频和视频等信息,其数字化后的数据量非常庞大,必须对数据进行压缩后才能方便用户的使用。JPEG是在国际标准化组织(ISO)领导之下制定静态图像压缩标准的委员会,第一套国际静态图像压缩标准ISO 10918-1(JPEG)就是该委员会制定的。MPEG动态图像专家组,包括MPEG视频、MPEG音频和MPEG系统三部分,它要考虑到音频和视频的同步,码率约为1.5Mb/s,用于数字存储媒体活动图像及其伴音的编码。

6.D。【解析】软件开发的过程包括需求分析、软件设计、编码、测试和维护5个阶段。文档是软件开发、使用和维护中必备的资料,它能提高软件开发的效率、保证软件的质量,而且在软件的使用过程中有指导、帮助、解惑的作用,尤其在维护工作中,文档是不可或缺的资料。软件的生命周期包括计划、开发和运行3个阶段,开发初期分为需求分析、总体设计和详细设计3个阶段,开发后期分为编码和测试两个阶段。

7.C。【解析】在广域网中,数据分组从源结点传送到目的结点的过程需要进行路由选择和分组转发。

8.B。【解析】数据传输速率在数值上等于每秒钟传输构成数据代码的二进制比特数,单位为比特/秒,记做b/s或bps。对于二进制数据,数据传输速率为S=1/T,T为传送每一比特所需要的时间。1Kbps=1024bps,1Mbps=1024Kbps,1Gbps=1024Mbps,所以传送10bit数据时,所用的时间约为1×10^{-9}s。

9.A。【解析】网络协议的三要素是语法、语义和时序，语法用来规定信息格式，以及数据和控制信息的格式、编码、信号电平等。语义用来说明通信双方应当怎么做，用于协调与差错处理的控制信息。时序详细说明事件的先后顺序，进行速度匹配和排序等。

10.D。【解析】OSI参考模型共有7个层次，其划分的原则是：①网中各结点都有相同的层次；②不同结点的同等层具有相同的功能；③同一结点内相邻层之间通过接口通信；④每一层内相邻层之间通过接口通信；⑤不同结点的同等层按照协议实现对等层之间的通信。

11.D。【解析】OSI参考模型和TCP/IP参考模型的共同之处是都采用了层次结构的概念，TCP/IP参考模型可以分4个层次：应用层、传输层、互联层与主机-网络层。从协议所覆盖的功能上看，TCP/IP参考模型的应用层与OSI参考模型的应用层、表示层和会话层相对应，传输层与OSI传输层相对应，互联层与OSI网络层相对应，主机-网络层与OSI数据链路层、物理层相对应。

12.B。【解析】传输层的主要功能是负责应用进程之间的端到端通信，它与OSI参考模型的传输层是相似的。

13.B。【解析】ARP(地址解析协议)用于将计算机的网络地址(IP地址32位)转化为物理地址(MAC地址48位)，属于链路层的协议。DNS域名系统用于命名组织到域层次结构中的计算机和网络服务。在Internet上域名与IP地址之间是一对一(或者多对一)的，域名虽然便于人们记忆，但机器之间只能互相认识IP地址，它们之间的转换工作称为域名解析，域名解析需要由专门的域名解析服务器(DNS)来完成，以实现从主机名到IP地址的映射。RIP(路由信息协议)是一种动态路由选择，它基于距离矢量算法(D-V)，总是按最短的路由做出相同的选择。SMTP(简单邮件传输协议)是一种提供可靠且有效电子邮件传输的协议。

14.C。【解析】分辨率为640×480像素的真彩色图像的数据量为640×480×24bit＝7372800bitbps＝7.37Mbps，以25帧/s的速率需要占用的带宽为：数据量×25＝184320000bps，约为184.32Mbps。

15.C。【解析】OSI参考模型中网络层的主要功能是通过路由算法，为分组通过通信子网选择最适当的路径。网络层要实现路由选择、拥塞控制与网络互联等功能。

16.D。【解析】RSVP(资源预留协议)是支持多媒体网络QoS的协议之一，它允许应用程序在源与目的结点之间建立一条数据传输通道，根据应用的需求在各个交换结点预留资源，从而保证沿着这条通道传输的数据流能够满足QoS；Diffserv(区分服务)是根据每一类服务进行控制，Diffserv利用IP分组头对数据的服务级别进行标识，路由器根据标识来建立一条能够满足QoS的传输通道；MPLS(多协议标识交换技术)的提出主要是为了更好地将IP协议与ATM高速交换技术结合起来，实现IP分组的快速交换，MPLS的核心是标记交换，标记一个用于数据分组交换的、短的、固定长度的转发标识符。CDMA(码分多址)，是在无线通信上使用的技术，与多媒体无关。

17.B。【解析】10Gbps Ethernet的数据传输速率可达10Gbps，因此10Gbps Ethernet的传输介质不再使用传输速率较慢的双绞线和铜线，而只使用光纤。它使用传输距离超过40km的光收发器和单模光纤接口，以便能在广域网和城域网的范围内工作。也可以使用多模光纤，但相对传输距离有限制。

18.A。【解析】局域网参考模型对应OSI参考模型的数据链路层和物理层，它将数据链路层划分为介质访问控制(MAC)子层和逻辑链路控制(LLC)子层。

19.C。【解析】MAC地址也叫物理地址，IP地址与MAC地址在计算机中都是以二进制表示的，IP地址是32位的，MAC地址的长度为48位(6个字节)，允许分配的以太网物理地址应该有247个，以保证所有可能的以太网物理地址的需求。

20.A。【解析】MII是介质无关接口。MII层定义了在100BASE-T MAC和各种物理层之间的标准电气和机械接口，将MAC子层与物理层分隔开，使得物理层在实现100Mbps速率时所使用的传输介质和信号编码的变化不会影响到MAC子层。

21.C。【解析】10Gbps Ethernet只工作在全双工方式，因此不存在争用的问题，10Gbps Ethernet的传输距离不受冲突检测的限制。

22.A。【解析】Ethernet交换机利用"端口/MAC地址映射表"进行数据交换，所以该表的建立和维护十分重要，在MAC地址和端口的对应关系建立后，交换机将检查地址映射表中是否已经存在该对应关系。所以本题答案为A选项。

23.D。【解析】NIC网络接口卡(网卡)，它是构成网络的基本部件之一，网卡的基本分类方法主要有三种：①按照网卡支持的计算机种类主要分为：标准以太网和PCMCIA网卡；②按照网卡支持的传输速率分为：普通的10Mbps网卡、高速的100Mbps网卡、10/100Mbps自适应网卡、1000Mbps网卡；③按照网卡支持的传输介质类型分为：双绞线网卡、粗缆网卡、细缆网卡、光纤网卡。所以本题答案为D选项。

24. C。【解析】交换机端口有半双工和全双工之分,对于1000Mbps的端口,半双工端口带宽为1000Mbps,全双工端口为2000Mbps,因此48个10/100Mbps的全双工端口和两个1000Mbps的全双工端口总带宽为:48×100Mbps×2+2×1000Mbps×2=13600Mbps=13.6Gbps。

25. B。【解析】在建筑物综合布线系统中,主要采用高性能的非屏蔽双绞线与光纤作为传输介质,以达到更高的传输效率。

26. D。【解析】Windows是多任务操作系统,它允许多个程序同时运行;Windows的内核含有分时器,在激活的应用程序中分配处理器的时间;Windows支持FAT、FAT32和NTFS多种文件系统;Windows采用了扩展内存技术,如果系统不能提供足够的实内存来满足一个应用程序的需要,虚拟内存管理程序就会介入来弥补不足。所以选项D错误。

27. B。【解析】近几十年,网络操作系统经历了从对等结构向非对等结构演变的过程;在对等结构网络操作系统中,所有的联网结点地位平等,安装在每个联网结点的操作系统软件相同,联网计算机的资源上原则上都是可以相互共享的;对等结构网络操作系统结构相对简单,网中任意结点之间可以实现直接通信;对等结构中,客户端和服务器端的软件是不可以互换的。所以本题答案为B选项。

28. C。【解析】活动目录存储了有关网络对象的信息,并且让管理员和用户能够轻松地查找和使用这些信息。活动目录把域详细划分为组织单元,组织单元是一个逻辑单位,它是域中一些用户和组、文件与打印服务等资源对象的集合;组织单元又可再划分为下级组织单元,下级组织单元能够继承父单元的访问许可权。活动目录具有很强的扩展性与可调整,是Windows 2000 Server的主要特点之一。在Windows 2000 Server中,各个域控制器之间具有平等关系,不区分本地组与全局组。

29. A。【解析】基于网络安全的考虑,NetWare提供了4级安全保密机制:注册安全、用户信任者权限、最大信任者屏蔽和目录与文件属性。

30. B。【解析】Linux操作系统是一位来自芬兰赫尔辛基的大学生Linus B. Torvalds设计的,Linux虽然与UNIX操作系统类似,但并不是UNIX的变种,虽然其内核代码是仿UNIX的,但几乎所有UNIX的工具与外壳都可以运行在Linux上。

31. A。【解析】IBM公司的UNIX版本是AIX系统。XENIX是Microsoft公司与SCO公司联合开发的基于Intel80x86系列芯片系统的微机UNIX版本。

32. C。【解析】UDP(User Datagram Protocol)为用户数据报协议,是OSI参考模型中一种无连接的传输层协议,提供面向事务的简单不可靠信息传送服务。

33. B。【解析】路由器连接两个或多个物理网络,它负责将同一个网络接收来的IP数据报,经过路由选择转发到一个合适的网络中。

34. C。【解析】IP地址在实际应用中将主机号划分成子网号和主机号两部分。划分后的网络号和主机号用子网掩码来区分,IP地址中的网络号部分在子网掩码中用“1”表示,主机号部分在子网掩码中用“0”表示。本题中,主机的IP地址202.130.82.97对应的二进制为:11001010.10000010.01010010.01100001,子网屏蔽码255.255.192.0的二进制为:11111111.11111111.11000000.00000000,将两个二进制数进行相“与”得到11001010.10000010.01000000.00000000,即为主机所属网络的网络号202.103.64.0。

35. D。【解析】由于利用IP进行互联的各个物理网络所能处理的最大报文长度有可能不同,所以IP报文在传输和投递的过程中有可能被分片,从而保证数据不会超过物理网络能传输的最大报文长度。

36. A。【解析】路由表通常包含许多(N,R)对序偶,通常用N表示目的网络的IP地址,R表示到N路径上的下一个路由器的IP地址。

37. B。【解析】因特网中域名结构由TCP/IP集的域名系统进行定义。顶级域名的分配如下:

顶级域名	分配给	顶级域名	分配给
com	商业组织	net	主要网络支持中心
edu	教育机构	org	其他组织
gov	政府部门	int	国际组织
mil	军事部门	国家代码	各个国家

38. D。【解析】用户级计算机首先需要知道第一个域名服务器地址,即第一个域名服务器的IP地址。

39. C。【解析】SMTP(简单邮件传输协议)将用户邮件送往发送端的邮件服务器;发送端的邮件服务器接收到用户送来的邮件后，按收件人地址中的邮件服务器主机名通过SMTP将邮件送到接收端的邮件服务器。接收端的邮件服务器根据收件人地址中的邮件投递到对应的邮箱中；利用POP3（邮局协议）或IMAP（交互式邮件存取协议），接收端的用户可以在任何时间、地点利用电子邮件应用程序从自己的邮箱中读取邮件，并对自己的邮件进行管理。FTP为文件传输协议。所以本题答案为C。

40. A。**【解析】**Telnet协议是TCP/IP协议族中的一员，是Internet远程登录服务的标准协议和主要方式。Telnet使用了一种对称的数据表示，当每个客户机发送数据时，把它的本地终端的字符表示映射到NVT的字符表示上，当接收数据时，又把NVT的表示映射到本地字符集合上，用于屏蔽不同计算机系统对键盘输入的差异性，解决不同计算机系统之间相互操作问题。

41. B。**【解析】**因特网中每台主机至少有一个IP地址，并且这个IP地址必须是全网唯一的。如果一台主机有两个或多个IP地址，则该主机可能会属于两个或多个逻辑网络；在因特网中允许同一主机有多个名字，同时允许多个主机对应一个IP地址。

42. C。**【解析】**在使用因特网进行电子商务活动时，通常可使用安全通道访问Web站点，以避免第三方偷看或篡改，安全通道使用SSL（安全套接层）技术。

43. C。**【解析】**配置管理的内容分为对设备的管理和对设备的连接关系的管理两部分，对设备的管理包括：识别网络中的各种设备，确定设备的地理位置、名称和有关细节，记录并维护设备参数表；用适当的软件设置参数值和配置设备功能；初始化、启动和关闭网络或网络设备；配置管理能够利用统一的界面对设备进行配置，生成并维护网络设备清单，网络设备清单应该被保密，如果被有恶意的人得到，可能会在许多方面对网络造成危害。

44. D。**【解析】**SNMP（简单网络管理协议）位于OSI参考模型的应用层。

45. C。**【解析】**美国可信计算机安全评价标准（TCSEC）将计算机系统的安全划分为4个等级、7个级别。C2系统比C1系统加强了可调的审慎控制。在连接到网络上时，C2系统的用户分别对各自的行为负责。C2系统通过登录过程、安全事件和资源隔离来增强这种控制。C2系统具有C1系统中所有的安全性特征。能够达到C2级的操作系统有UNIX、XENIX、NetWare 3.x或更高版本以及Windows NT等。

46. C。**【解析】**置换密码又称换位密码，即明文的字母保持相同，但顺序被打乱了，最古老的置换密码为凯撒密码，它的密钥空间只有26个字母，最多尝试25次即可知道密钥。

47. D。**【解析】**RC5是常规加密算法，它是参数可变的分组密码算法，可变的参数分别为：分组大小、密钥大小和加密轮数。在此算法中使用了异或、加和循环三种运算方式。

48. B。**【解析】**在数字签名认证过程中，数字签名使用的是公钥密码体制中的认证模型，发送者使用自己的私钥加密信息，接收者使用发送者的公钥解密信息。

49. D。**【解析】**公钥体制的安全基础主要是数学中的难题，流行的有两大类：一类是基于大整数因子分解问题，如RSA体制，RSA的安全性依赖于大整数的因子分解；另一类基于离散对数问题，如Elgamal体制、椭圆曲线密码体制等。

50. C。**【解析】**数字签名技术即进行身份认证的技术。可以利用公钥密码体制、对称密码体制和公证系统实现。最常见的实现方法是建立在公钥密码体制和单向安全散列算法的组合基础之上。常用的公钥数字签名算法有RSA算法和数字签名标准算法（DSS）；与消息的内容无关。

51. B。**【解析】**病毒是一种恶意计算机代码，可以破坏系统程序，占用空间，盗取账号密码。严重时甚至导致网络、系统瘫痪。特洛伊木马是攻击者在正常的软件中隐藏一段用于其他目的的程序，这段隐藏的程序段通常以安全攻击作为其最终目标。植入特洛伊木马的黑客就可以看到该用户的文档。陷门是某个子系统或某个文件系统中设置特定的"机关"，使得在提供特定的输入数据时，允许违反安全策略。

52. C。**【解析】**防火墙不能防止内部攻击；防火墙不能防止未经过防火墙的攻击；防火墙不能取代杀毒软件；防火墙不易防止反弹端口木马攻击。所以C选项不正确。

53. B。**【解析】**计算机通信网是EDI应用的基础，电子数据处理（EDP）是实现EDI的基础和必要条件；EDI数据自动地投递和传输处理而不需要人工介入，应用程序对它自动响应。

54. C。**【解析】**证书是由CA安全认证中心发放的，具有权威机构的签名，所以它可以用来向系统中的其他实体证明自己的身份。每份证书都携带着证书持有者的公开密钥，所以可以向接收者证实某个实体对公开密钥的拥有，同时起着分发公开密钥的作用。证书的有效性可以通过相关的信任签名来验证，证书包括版本、序号、签名算法、颁发者、有效期、主体、主体公钥信息等字段，不携带持有者的基本信息。

55. C。【解析】电子现金也称数字现金，具有用途广泛、使用灵活、匿名型、快捷简单、无须直接与银行连接便可使用等特点，既可以存储在智能 IC 卡上，也可以以数字形式存储在现金文件中。

56. A。【解析】电子政务的发展大致经历面向数据处理、面向信息处理和面向知识处理三个阶段。面向数据处理的电子政务主要集中在 1995 年以前，以政府办公网的办公自动化和管理系统的建设为主要特征。

57. B。【解析】公钥基础设施(PKI)、授权管理基础设施(PMI)、可信时间戳服务系统和安全保密管理系统重点在信息安全基础设施子层。

58. B。【解析】在 ATM 的传输模式中，信息被组织成"信元"，来自某用户信息的各个信元不需要周期性地出现。实际中，信元中每个位常常是同步定时发送的，即同步串行通信。

59. C。【解析】xDSL 技术按上行和下行的速率是否相同可分为对称型和非对称型两种，对称型包括 HDSL、SDSL 和 IDSL，非对称型包括 ADSL 和 VDSI-RADSL。

60. C。【解析】EDGE(数据速率增强型 GSM)接入技术是一种提高 GPRS 信道编码效率的高速移动数据标准，数据传输速率最高达 384Kbps。

二、填空题

1. CAE。【解析】辅助工程包括计算机辅助设计(CAD)，计算机辅助制造(CAM)，计算机辅助工程(CAE)，计算机辅助教学(CAI)，计算机辅助测试(CAT)等。

2. 视频。【解析】MPEG(动态图像专家组)是 ISO/IEC 委员会的第 11172 号标准，包括 MPEG 视频、MPEG 音频和 MPEG 系统 3 部分。

3. 接入层。【解析】目前城域网的建设在体系结构上采用核心层、汇聚层与接入层的三层模式，以适应各种业务需求、不同协议与不同类型用户的接入需要。

4. 几何。【解析】计算机网络拓扑是通过网中结点与通信线路之间的几何关系表示网络结构，反映出网络各实体间的结构关系。

5. 接口。【解析】在层次结构的网络中，各层之间相互独立，高层通过层间的接口所提供的服务，上层通过接口使用低层提供的服务。

6. 互联。【解析】IEEE 802 委员会为局域网制定了一系列标准，统称为 IEEE 802 标准。其中 IEEE 802.1 标准包括局域网体系结构、网络互联以及网络管理与性能测试。

7. 随机。【解析】为了避免冲突，共享 CSMA/CD 的发送流程可以概括为：先听后发，边听边发，冲突停止，随机延迟后重发。

8. 直接序列。【解析】无线局域网主要采用调频扩频和直接序列扩频的主法。

9. 网络登录。【解析】域模式的最大好处是单一网络登录能力，用户只需要在域中拥有一个账户，就可以在整个网络中漫游。

10. 贝尔。【解析】1969 年 AT&T 公司贝尔实验室的 Kenneth L. Thompson 用 PDP-7 的汇编指令编写了 UNIX 的第一个版本 V1。

11. 20.0.0.1。【解析】一个路由表通常包含许多(N,R)对序偶，其中 N 指目的网络的 IP 地址，R 是网络 N 路径上的"下一个"路由器的 IP 地址。本题中目的 IP 地址为 20.0.0.1，属于 A 类网络地址，其网络地址为 20.0.0.0，因此路由器收到该 IP 数据报按照路由表的第一个(N,R)对序偶下一路由选择为"直接投递"，即直接投递给接收主机，因此投递的 IP 地址为 20.0.0.1。

12. WWW 或 Web。【解析】WWW 服务也称 Web 服务，WWW 服务采用客户机/服务器模式，它以超文本标记语言(HTML)和超文本传输协议(HTTP)为基础，为用户提供界面一致的信息浏览系统。

13. anonymous。【解析】当用户访问提供匿名服务的 FTP 服务器时，通常用"anonymous"作为账号，用"guest"作为口令。

14. 修复。【解析】故障管理的步骤包括：发现故障、判断故障症状、隔离故障、修复故障、记录故障的检修过程及其结果等。

15. 合法性。【解析】网络安全的基本要素是实现信息的机密性、完整性、可用性和合法性。

16. ISO。【解析】CMIS/CMIP 是 20 世纪 80 年代中期国际标准化组织(ISO)和 CCITT 联合制订的网络管理标准。ISO 在 1989 年颁布的 ISO DIS 7498-4(X.400)文件中首先定义了网络管理的基本概念和总体框架。

17. 非服务。【解析】从网络高层协议的角度划分，攻击方法可以概括为服务攻击和非服务攻击。

18. 用户及终端系统。【解析】电子商务应用系统由CA安全认证系统、支付网关系统、业务应用系统、用户及终端系统组成。

19. 政务内网。【解析】电子政务的网络基础设施包括因特网、公众服务业务网、非涉密办公网和涉密办公网四大部分。其中公众服务业务网、非涉密政府办公网和涉密政府办公网又称为政务内网。

20. QPSK或QAM。【解析】HFC的数据传输一般采用所谓的"副载波调制"方式进行，即利用一般有线电视的频道作为频宽划分单位，然后将数据调制到某个电视频道中实行传输，在传输方式上可分为对称型和非对称型，对称型上下可能采用不同的调制方式，传输速率相同；在HFC网络架构中，非对称型从用户线缆调制解调器发往上行通道的数据采用QPSK方式调制，并用TDMA方式复用到上行通道，下行一般采用QPSK或QAM调制方式。

第6套 笔试考试试题答案与解析

一、选择题

1. D。【解析】信息科技并不等于绿色科技，绿色科技指的是没有污染的信息科技。

2. D。【解析】工作站与高端微机的主要差别在于工作站通常要有一个屏幕较大的显示器，以便显示设计图、工程图和控制图等，并不是指分辨率。

3. A。【解析】局部总线采用的是PCI标准；哈佛结构是指令与数据分开而不是混合；而超流水线技术是通过细化流水，提高主频，使得在一个机器周期内完成一个甚至多个操作，其实质是以时间换取空间。

4. C。【解析】286和386采用的是传统的复杂指令系统，即CIS技术。而安腾芯片采用的则是最新设计理念的简明并行指令计算(EPIC)。

5. B。【解析】按CPU芯片分类有486主板、奔腾主板、奔腾4主板等；按主板规格分类有AT主板、Baby-AT主板、ATX主板等；按CPU插座分类有Socket 7主板、Slot 1主板等；按数据端口分类有SCSI主板、EDO主板、AGF主板等。

6. D。【解析】文档是在软件开发阶段的前期和后期形成的，如前期的软件说明书和后期必须形成的产品发布的批准报告等。

7. B。【解析】互联的计算机是分布在不同的地理位置的多态独立的"自治计算机"，它们之间可以没有明确的主从关系。

8. D。【解析】数据传输速率在数值上等于每秒钟传输构成数据代码的二进制比特数，单位为比特/秒，记做b/s或bps。常用的数据传输速率单位有Kbps、Mbps、Gbps。1Kbps=10^3bps，1Mbps=10^6bps，1Gbps=10^9bps，所以排除前3项，选择选项D。

9. A。【解析】差错的出现是具有随机性的，在实际测量一个数据传输系统的时候，被测量的传输二进制码元数越大，就越接近于真正的误码率的值。

10. A。【解析】OSI参考模型定义了开放系统的层次结构、层次之间的相互关系及各层所包括的可能的服务。OSI的服务定义详细说明了各层所提供的服务，但不涉及接口是怎样实现的。OSI划分层次模型的原则是：①网中各结点都有相同的层次；②不同结点的同等层具有相同的功能；③同一结点相邻层之间通过接口通信；④每一层使用下层提供的服务，并向其上层提供服务；⑤不同结点的同等层按照协议实现对等层之间的通信。

11. C。【解析】TCP的互联层与OSI的网络层相对应。

12. D。【解析】MPLS的核心是标记交换，标记是一个用于数据分组交换的、短的、固定长度的转发标识符。

13. B。【解析】IGMP(互联网组管理协议)是一种互联网协议，提供这样一种方法，使得互联网上的主机向临近路由器报告它的广播组成员。ICMP是TCP/IP协议族的一个子协议，用于在IP主机、路由器之间传递控制消息。RIP是允许路由器(或相关产品)通过基于IP网络交换有关计算路由信息的一种距离向量协议。OSPF协议是开放式最短路径优先协议。

14. B。【解析】Ad hoc网络是一种由一组用户群构成，不需要基站的移动通信模式。在这种方式中，没有固定的路由器。每个系统都具备动态搜索、定位和恢复连接的能力。

15. D。【解析】传输层的主要任务是向用户提供可靠的端到端服务，透明地传送报文，其主要功能是负责应用进程之间的端到端的通信。

16. A。【解析】机群计算可以按照应用或结构进行分类。按应用目标可分为高可用性机群和高性能机群。

17. B。【解析】在共享介质方式的总线型局域网实现技术中，必须解决多结点访问总线的介质访问控制问题。

18. B。【解析】典型的 Ethernet 的物理地址长度为 48 位,故选择选项 B。

19. C。【解析】10Gbps Ethernet 的标准由 IEEE 802.3ae 制定,正式标准在 2002 年完成。

20. D。【解析】总带宽最大而且是全双工,则(24×100×2+2×1000+2)Mbps=8800Mbps=8.8Gbps。

21. A。【解析】Ethernet 交换机的直接交换方式中,帧出错检测任务由结点主机完成。

22. B。【解析】虚拟网络是建立在交换技术基础上的。将网络上的结点按工作性质与需要划分成若干个"逻辑工作组",一个逻辑工作组是一个虚拟网络。

23. D。【解析】红外局域网的数据传输技术有三种:定向光束红外传播、全方位红外传播与漫反射红外传播技术。

24. A。【解析】直接序列扩频通信的基本原理是,发送信号是发送数据与发送端产生的一个伪随机码进行模二加的结果。

25. C。【解析】建筑物综合布线系统一般具有很好的开放式结构,采用模块化结构,具有良好的可扩展性,传输介质主要是非屏蔽双绞线和光纤混合。

26. D。【解析】Windows 可以给管理 PC 安装上所有的内存,当内存不够用的时候,还可以从硬盘的空闲空间生成虚拟内存来使用。

27. C。【解析】一个典型的网络操作系统一般具有硬件独立的特征,对等结构中安装在每个联网结点的操作系统软件是相同的,但不代表所有软件都可以互换。

28. D。【解析】Windows 2000 网络中,所有的域控制器之间都是平等的关系,不再区分主域控制器和备份域控制器,同样,不再划分全局组和本地组。

29. B。【解析】NetWare 网络中必须有一个或者一个以上的文件服务器,而且 NetWare 的不足之处在于,工作站资源无法直接共享。NetWare 文件系统实现了多路硬盘处理和高速缓冲算法,加快了硬盘通道的访问速度。

30. B。【解析】Linux 支持非 Intel 的硬件平台,如 Alpha 和 Sparc 平台,是开源软件,也有很好的开发应用环境,故排除这 3 项,选择选项 B。

31. A。【解析】UNIX 的特点如下:①UNIX 是多用户、多任务的系统;②UNIX 大部分是用 C 语言编写的,系统易读、易修改、易移植;③提供了功能强大的 Shell 编程语言;④提供了丰富的系统调用;⑤采用树形文件系统,具有很高的安全性、保密性和可维护性;⑥提供多种通信机制;⑦采用进程对换的内存管理,但是 UNIX 的标准化进行得并不顺利,曾经一度多达 100 余个标准。

32. A。【解析】因特网采用的不是 OSI 模型而是 TCP/IP 协议。

33. B。【解析】运行 IP 协议的互联层为上层提供的服务有以下特征:①不可靠的数据投递服务,数据报投递不受保障,IP 协议本身没有能力证实数据报能否被正确接收,IP 协议不检测错误,也不保证一定通知发送方和接收方;②面向无连接的传输服务,它不管数据报发送的过程,也不管数据报的来源和去向。数据报从源结点到目的结点可能经过不同的传输路径,而且这些数据报有可能丢失或者正确到达;③尽最大努力投递服务,IP 并不随意丢弃数据报,只是在系统资源用尽、接收数据错误或者网络出现故障状态下,才不得不丢弃报文。

34. C。【解析】位于同一子网的机器可以通过集线器实现服务共享。子网网络号可以通过将 IP 地址与子网屏蔽掩码转换为二进制,然后按位取交运算求得。根据计算得知 I 和 III 具有相同的子网网络号。

35. D。【解析】分片后的报文将在目的主机进行重组。

36. C。【解析】如果其目的 IP 地址的网络号为 20.0.0.0 或者 30.0.0.0,那么就可以将该报文直接传送到目的主机。如果接收报文的目的地网络号为 40.0.0.0,那么就需要投递到 30.0.0.7。

37. D。【解析】域名解析并不是一定要从本地域名服务器开始,只是因为域名解析在网络中频繁发生,严格按照自树根到树叶的搜索方法将造成根域名服务负担繁重甚至瘫痪,因此,实际的域名解析都是从本地域名服务器开始的,但不一定要从本地域名服务器开始。

38. B。【解析】SNMF 是简单网络管理协议,用户下载邮件用的是 POP3 或者 IMAP,IMAP 是读取邮件的协议,并不用来加密邮件。

39. A。【解析】因特网中的远程登录就是指用户使用 Telnet 命令,使自己的计算机暂时成为远程计算机的一个仿真终端的过程。

40. D。【解析】WWW 的广泛应用要归功于第一个 WWW 浏览器 Mosaic 的问世。

41. A。【解析】在因特网进行电子商务活动中,通常可以使用安全通道访问 Web 站点,以避免第三方偷看或者篡改。安全通道使用安全套接层(SSL)技术。

42. D.【解析】通过电话网接入因特网,需要对电话网和因特网间的信号进行转换,所以必须需要调制解调器。

43. B.【解析】配置管理的目标是掌握和控制网络的配置信息,从而保证网络管理员可以跟踪、管理网络中各种设备的运行状态。性能管理的目标是使网络性能维持在一个可以接受的水平上,计费管理的目标是跟踪个人和团体用户对网络资源的使用情况。故障管理的目标是自动监测到网络硬件和软件中的故障并通知用户,并尽可能地排除这些故障,而不是完全自动地排除故障。

44. C.【解析】能够达到C2级别的常见操作系统有UNIX、NetWare 3. x、Windows NT等。

45. C.【解析】网络信息系统的安全管理主要基于3个原则:多人负责原则、任期有限原则、职责分离原则。

46. C.【解析】非服务攻击包括源路由攻击和地址欺骗等。

47. C.【解析】按密钥的使用个数,密码体制可以分成对称密码体制和非对称密码体制。对称密码又称为单密钥、常规密码系统。其特点是计算量小,加密效率高。但是此类算法在分布式系统上使用较为困难,主要是密钥管理难,安全性能也不易保障,且使用的成本很高。

48. A.【解析】如果分析人员仅仅拥有密文和加密算法,那么破译难度是最大的,因为分析人员可用的信息量是最小的。

49. C.【解析】RSA的缺点在于加密、解密的速度太慢,因此很少用于数据加密,而多用在数字签名、密钥管理和认证等方面。

50. B.【解析】Kerberos采用DES算法进行加密和认证,广泛应用于校园网环境。

51. C.【解析】SHA是按512比特块处理其输入,产生一个160位的消息摘要。

52. D.【解析】安全套接层(SSL)是一种用于保护传输层安全的开放协议,它为TCP/IP提供数据加密、服务器认证、消息完整性和可选的客户机认证服务。

53. A.【解析】包含CA中心的公钥信息,不包含持有者的账号信息以及上一级的公匙信息。

54. D.【解析】前3个选项都是电子现金的特点,唯有选项D错误。

55. B.【解析】安全电子交易是由VISA及MASTCARD所开发的开放式支付规范,是为了保证信用卡在公共因特网网络上支付的安全而设立的。

56. C.【解析】电子政务的3层逻辑结构为网络基础设施层、统一的安全电子政务平台、电子政务应用系统。

57. D.【解析】公众服务业务网、非涉密政务办公网和涉密政府办公网被称为政务内网。

58. B.【解析】HFC是一种以频分复用技术为基础,综合应用模拟和数字传输技术、光纤和同轴电缆技术,射频调制和解调的接入网络。

59. D.【解析】高速下行信道向用户传送数据、视频、音频信息及控制、开销信号,速率一般在1~8Mbps之间,在0.5mm的双铰线上传送距离可达3.6km。

60. B.【解析】lomeRF也采用了扩频技术,工作在2.4GHz频带。

二、填空题

1. 平均无故障时间。【解析】MTBF是Mean Time Between Failures的缩写,指一段时间内系统发生相邻两次故障的平均间隔时间,即平均无故障时间。

2. 音频。【解析】MPEG是ISO/IEC委员会的第111.72号标准草案,包括MPEG视频、MPEG音频和MPEG系统三部分。

3. 同步。【解析】如果没有同步,将会发生视频流与音频流的不同步。

4. 中心。【解析】星形拓扑结构中结点通过点对点通信线路与中心结点连接,中心结点控制全网的通信,任何两结点之间的通信都要通过中心结点。

5. 字节。【解析】TCP是一种可靠的面向连接的协议,它允许将一台主机的字节流无差错地传送到目的主机。

6. 控制。【解析】令牌是一种特殊结构的控制帧,用来控制结点对总线的访问权。

7. 冲突。【解析】CSMA/CD是带有冲突检测的载波侦听多路访问。所谓冲突检测是指如果在发送数据的过程中检测出冲突,为了解决信道争用冲突,结点停止发送数据,随机延迟后重发。

8. RJ-45。【解析】10BASE-T只提供RJ-45的接口。

9. POSIX。【解析】IEEE制定了许多基于UNIX的“易移植操作系统环境”,即POSIX标准。

10. Linux。【解析】红帽Linux是一个比较成熟的系统。

11. 路由器。【解析】因特网主要由通信线路、路由器、主机(服务器与客户机)和信息资源构成。

12. 255.255.255.255。【解析】进行有限广播,有限广播地址是 32 位全是 1 的 IP 地址。

13. 标准化 HTML。【解析】通过标准化 HTML,不同厂商开发的 WWW 浏览器、WWW 编辑器与 WWW 转换器等各类软件可以按照统一标准对页面进行处理,这样用户就可以自由地在因特网上漫游了。

14. KDC。【解析】密匙分发技术主要有两种:KDC 技术和 CA 技术。

15. 摘要。【解析】数字签名是用于确认发送者身份和消息完整性的一个加密消息摘要。

16. IP 地址。【解析】Web 站点可以限制用户访问 Web 服务器提供的资源,访问控制一般分为 4 个级别:IP 地址限制、用户验证、Web 权限、硬盘分区权限。

17. CMIS。【解析】电信管理网中,管理者和代理之间所有的管理信息交换都是利用 CMIS/CMIP 实现的。

18. 支付网关。【解析】一个完整的电子商务系统需要 CA 安全认证系统、支付网关系统、业务应用系统及用户终端系统。

19. 知识。【解析】电子政务的发展大致经历了面向数据处理,面向信息处理和面向知识处理三个阶段。

20. 信元。【解析】ATM 的重要技术特征有信元传输、面向连接、多路复用和服务质量。

第 7 套 笔试考试试题答案与解析

一、选择题

1. B.【解析】1958 年 6 月,中国科学院计算所与北京有线电厂共同研制成我国第一台计算机——103 型通用数字电子计算机,运行速度每秒 1500 次,字长 31 位,内存容量为 1024B。1959 年 10 月,我国研制成功 104 型电子计算机,内存容量为 2048B,字长 39 位,运算速度为每秒 1 万次。

2. C.【解析】经济运行模型可用计算机模拟。

3. D.【解析】服务器按应用层次划分为入门级服务器、工作组级服务器、部门级服务器和企业级服务器 4 类。服务器按用途划分为通用型服务器和专用型服务器两类。服务器按处理器架构(也就是服务器 CPU 所采用的指令系统)划分为 CISC 架构服务器、RISC 架构服务器和 VLIW 架构服务器三种。服务器按机箱结构划分为台式服务器、机架式服务器,机柜式服务器和刀片式服务器 4 类,其中每一块"刀片"实际上就是一块系统主板。

4. A.【解析】"U"在服务器领域中特指机架式服务器的厚度,是一种表示服务器外部尺寸的单位,是 Unit 的缩略语,详细尺寸由作为业界团体的美国电子工业协会(EIA)决定。之所以要规定服务器的尺寸,是为了使服务器保持适当的尺寸,以便放在铁质或铝质机架上。机架上有固定服务器的螺孔,将它与服务器的螺孔对好,用螺钉加以固定。

5. B.【解析】软件生命周期包括计划、开发和运行三个阶段。开发阶段包括 6 个子阶段,初期细分为需求分析、总体设计、详细设计三个子阶段;开发后期细分为编码、测试两个子阶段。在开发阶段形成文档资料,运行阶段主要进行软件维护。

6. D.【解析】在多媒体应用中,常见的压缩方法有 PCM(脉冲编码调制)、预测编码、变换编码、插值和外推法、统计编码、矢量量化和子带编码等。混合编码是近年来广泛采用的方法。预测编码常用的方法是差分脉冲编码调制(DPCM)和自适应差分脉冲编码调制(ADPCM)。

7. A.【解析】在数据报方式中,结点间不需要建立从源主机到目的主机的固定连接。源主机所发送的每一个分组都独立地选择一条传输路径。每个分组在通信子网中可以通过不同传输路径,从源主机到达目的主机。

8. D.【解析】在 IEEE 802.11 无线局域网的介质访问控制方法中,帧间间隔的大小取决于该站欲发送的帧的类型。高优先级帧需要等待的时间较短,因此可优先获得发送权,但低优先级帧就必须等待较长的时间。

9. B.【解析】Internet 上的计算机是通过 IP 地址来定位的,给出一个 IP 地址,就可以找到 Internet 上的某台主机。而因为 IP 地址难以记忆,又发明了域名来代替 IP 地址。但通过域名并不能直接找到要访问的主机,中间要加一个从域名查找 IP 地址的过程,这个过程就是域名解析。域名解析的过程不属于 Web 应用。

10. C.【解析】千兆以太网使用的传输介质有光纤、5 类非屏蔽双绞线(UTP)或同轴电缆。目前,千兆以太网支持单模光纤、多模光纤和同轴电缆,支持 5 类非屏蔽双绞线的标准正在制订中。

11. C.【解析】虚拟局域网(VLAN)是指网络中的站点不拘泥于所处的物理位置,而可以根据需要灵活地加入不同的逻辑子网中的一种网络技术。基于交换式以太网的虚拟局域网在交换式以太网中,利用 VLAN 技术,可以将由交换机连接成的物理网络划分成多个逻辑子网。也就是说,一个虚拟局域网中的站点所发送的广播数据报将仅转发至属于同一 VLAN

的站点。

12. C.【解析】ISO将整个通信功能划分为7个层次，划分原则是：①网络中各结点都有相同的层次；②不同结点的同等层具有相同的功能；③同一结点内相邻层之间通过接口通信；④每一层使用下层提供的服务，并向其上层提供服务；⑤不同结点的同等层按照协议实现对等层之间的通信。高层不需要知道低层的实现方法。不同结点可使用不同的操作系统。

13. B.【解析】信道的数据传输速率是每秒可以传输的二进制代码位数，单位是"位/秒"，记为bps或b/s，因此，数据传输速率又称为比特率。如果传输10bit数据需要1×10^{-8}s，那么数据传输速率为$1/(10\times1\times10^{8})bps=10^{9}bps=$1Gbps

14. D.【解析】Ethernet(以太网)的核心技术是它的随机争用型介质访问方法，即CSMA/CD介质访问控制方法。

15. A.【解析】网桥工作在数据链路层，将两个LAN连起来，根据MAC地址来转发帧，可以看做一个"低层的路由器"(路由器工作在网络层，根据网络地址进行转发)。网桥在数据链路层上实现局域网互联：网桥能够互联两个采用不同数据链路层协议、不同传输介质与不同传输速率的网络。

16. C.【解析】TCP/IP协议中，TCP和IP是最主要的协议。TCP提供可靠的面向连接的服务，而UDP提供简单的无连接服务。TCP和UDP都要通过IP协议来发送和接收数据。

17. C.【解析】IEEE 802.11定义的物理层支持三种传输方式：红外传输方式和两种射频方式——直接序列扩频和跳频扩频。射频方式采用扩展频谱通信。

18. B.【解析】选项A是对数据链路层的描述；选项C是对表示层的描述；选项D是对传输层的描述。

19. C.【解析】1000 BASE-T标准使用的是5类非屏蔽双绞线，长度可达到100m。

20. D.【解析】SMTP是简单邮件传送协议(Simple Mail TransferProtocol)，FTP是文件传输协议(File Transfer Protocol)，DHCP是动态主机分配协议(Dynamic Host Configuration Protocol)，CMIP是通用管理信息协议(Common Management Information Protocol)。

21. B.【解析】IEEE 802对应OSI网络参考模型的最低两层，即物理层和数据链路层。IEEE 802将OSI的数据链路层分为两个子层，分别是逻辑链路控制(Logical Link Control，LLC)和介质访问控制(Media Access Control，MAC)。IEEE 802是指IEEE标准中关于局域网和城域网的一系列标准。

22. B.【解析】Ad Hoc网络的前身是分组无线网(Packet Radio Network)。对分组无线网的研究源于军事通信的需要，并已经持续了近20年。

23. A.【解析】P2P文件共享类系统包括Napster、Gnutella、BitTorrent、eMule、Maze。Skype是即时通信类系统。

24. D.【解析】线程是进程中进行数据处理操作的执行单位，每个进程中至少拥有一个主线程来进行数据处理操作。有时，一个进程要做若干件事情，其中每件事情都交给一个线程去处理。于是，一个进程中就同时存在多个线程。线程管理比进程管理简单。

25. B.【解析】Windows 98的发布标志着Windows彻底地摆脱了DOS，成为真正独立的操作系统。Windows Setver 2003 R2提供了一个可伸缩的、安全性更高的Web平台。Windows Server 2008是微软最新一个服务器操作系统的名称，它继承自Windows Server 2003。Windows Server 2008在进行开发及测试时的代号为"Windows Server Longhorn"。

26. B.【解析】活动目录可以贯穿一个或多个域。在独立的计算机上，域即指计算机本身，一个域可以分布在多个物理位置上，同时一个物理位置又可以划分不同网段为不同的域，每个域都有自己的安全策略以及它与其他域的信任关系。当多个域通过信任关系连接起来之后，活动目录可以被多个信任域共享，所以域通常会再细分。

27. A.【解析】内核部分由文件子系统和进程控制子系统组成。外壳由用户程序和系统提供的服务组成。原语是由若干条指令组成的，用来实现某个特定的操作，是操作系统核心的一部分，必须在管态下执行，常驻内存，具有不可中断性(原子性)，原语的作用是为了实现进程的通信和控制，是内核中不可中断的程序。

28. C.【解析】Linux文件系统是树状的结构，系统中每个分区都是一个文件系统，都有自己的目录层次。

29. A.【解析】TCP/IP是一组包括TCP/IP、LJDP(LlserDatagram Protocol)、ICMP(Internet Control Message Protocol)和其他一些协议的协议组。

30. C.【解析】物理网络之间不必全互联。

31. B.【解析】IP地址中保留A类的网络地址第一个字节全为1，主机地址不用来作为回送地址。习惯上经常用到主机号1，因此127.0.0.1为最普遍使用的回送地址。

32. A.【解析】一般来说，32位的IP地址分为两部分，即网络号和主机号，我们分别把它们叫做IP地址的"网间网部分"和"本地部分"。子网编址技术将本地部分进一步划分为"物理网络"部分和"主机"部分，20.22.25.6是网络号，6是主机号。

33. B。【解析】ARP(An Ethenet Address Resolution Protocol，以太网上的地址转换协议)，通过遵循该协议，只要知道了某台机器的IP地址就可以知道其物理地址。为了让报文在物理网路上传送，必须知道对方目的主机的物理地址。这样就存在把IP地址变换成物理地址的地址转换问题。以以太网环境为例，为了正确地向目的主机传送报文，必须把目的主机的32位IP地址转换成为48位以太网的地址，这就需要在互联层有一组服务将IP地址转换为相应的物理地址，这组协议就是ARP。

34. C。【解析】IPv4的数据报默认形式下，报头长度是5个字，第6个字是可选的。

35. D。【解析】任何时候IP层接收到一份要发送的IP数据报时，它要判断向本地哪个接口发送数据(选路)，并查询该接口获得的MTU。IP把MTU与数据报长度进行比较，如果需要则进行分片。

36. A。【解析】ICMP差错报告作为一般数据传输，不享受特别优先权和可靠性，在传输过程中，它完全有可能丢失、损坏或被抛弃。

37. B。【解析】IP协议中根据路由表来进行路由选择。如果接收到目的IP地址为10.1 2.5的报文，则首先从数据报中取出目的IP地址的网络地址部分10.1.0.0，然后依次查找路由表中的“要到达的网络”项。根据表中的“下一个路由器”项可以看出，应把此IP报文投递到接口地址为10.2.0.5的下一个路由器。

38. C。【解析】OSPF(Open Shortest Path First，开放式最短路径优先)是一个内部网关协议(InteriorGatewayProtocol，IGP)，用于在单一自治系统(Autonomous System，AS)内决策路由。与RIP相对，OSPF是链路-状态路由协议，而RIP是距离-向量路由协议。

39. D。【解析】在TCP/IP协议中，TCP提供可靠的连接服务，采用三次握手建立一个连接。第一次握手：建立连接时，客户端发送syn包(syn=j)到服务器，并进入SYN SEND状态，等待服务器确认；第二次握手：服务器收到syn包，必须确认客户的SYN(ack=j+1)，同时自己也发送一个SYN包(syn=k)，即SYN+ACK包，此时服务器进入SYN_RECV状态；第三次握手：客户端收到服务器的SYN+ACK包，向服务器发送确认包ACK(ack=k+1)，此包发送完毕，客户端和服务器进入ESTABLISHED状态，完成三次握手。

40. A。【解析】客户机/服务器可以被理解为是一个物理上分布的逻辑整体，它由客户机、服务器和连接支持部分组成。其中客户机是体系结构的核心部分，是一个面向最终用户的接口设备或应用程序。它是一项服务的消耗者，可向其他设备或应用程序提出请求，然后再向用户显示所得信息；服务器是一项服务的提供者，它包含并管理数据库和通信设备，为客户请求过程提供服务；连接支持是用来连接客户机与服务器的部分，如网络连接、网络协议、应用接口等。客户机主动请求，服务器被动等待。

41. C。【解析】实际的域名解析是从本地域名服务器开始的，逻辑上是一条从树中某结点开始到另一个结点的一条自上而下的单向路径。

42. B。【解析】在Linux层次结构中，pwd的作用是显示远程主机的当前工作目录。

43. C。【解析】MIME是对RFC822进行的扩充。MIME继承了RFC822的基本邮件头和邮件体模式，增加了一些邮件头字段，并要求对邮件体进行编码(将8位的二进制信息变换成7位的ASCII文本)。

44. B。【解析】Web页面采用超文本标记语言(HTML)书写而成。WWW服务采用客户机/服务器工作模式。客户程序和服务器程序之间遵守HTTP。统一资源定位器(Uniform Resource Locator，URL)体现了Internet上各种资源统一定位和管理的机制，可以用其实现页面到页面的链接。客户端需使用应用软件——浏览器，这是一种专用于解读网页的软件。

45. D。【解析】SNMP(Simple Network Management Protocol，简单网络管理协议)的前身是简单网关监控协议(SGMP)，用来对通信线路进行管理。目前SNMP的发展主要包括三个版本：SNMPvl、SNMPv2以及最新的SNMPv3。

46. D。【解析】我国计算机信息安全等级由低到高，分别为自主保护级、指导保护级、监督保护级、强制保护级、专控保护级。

47. A。【解析】被动攻击的特性是对传输进行窃听和监制，攻击者的目标是获得传输的信息。消息的泄露和流量分析就是两种被动攻击。

48. C。【解析】AES加密算法处理的分组长度是128位。

49. C。【解析】RC5使用三个基本操作(以及它们的逆操作)。①加法：记为+. 其逆操作为减法，记为-。②逐位异或：这个操作记为⊕。③循环左移：x循环左移y比特被记为：x<<>>y。

50. C。【解析】消息认证是验证消息的完整性，验证数据在传送或存储过程中未被篡改、重放或延迟。消息认证是接收方能够检验收到的消息是否真实的方法，又称完整性校验。消息认证本身不提供时间性，一般不是实时的。

51.D。【解析】RSA密码体制安全性基于数论的非对称(公开钥)密码体制。非对称密码体制也称公钥密码体制。非对称密码体制的基本特点是存在一个公钥/私钥对,用私钥加密的信息只能用对应的公钥解密,用公钥加密的信息只能用对应的私钥解密。著名的非对称加密算法是RSA。RSA密码体制的缺点是加密、解密速度慢。

52.C。【解析】Kerberos服务基于DES对称加密算法,但也可以用其他算法替代。

53.D。【解析】用RSA算法进行加密时,已知公钥是(e=7,n=20),私钥是(d=3,n=20)。用公钥对消息M=3加密时,首先进行指数运算$M^e=3^7=2187$,接着计算M_e被n除的模余数,即可得密文C。

$C=M^e \bmod n=2187 \bmod 20=7$。

54.D。【解析】组播报文的目的地址使用d类IP地址,范围是从224.0.0.0到239.255.255.255。

55.B。【解析】Maze不是P2P分布式非结构化结构。

56.C。【解析】QQ聊天通信是加密的。

57.C。【解析】通信类服务主要指基于IP的语音业务、即时通信服务、电视短信等;增值业务则是指电视购物、互动广告、在线游戏等。

58.A。【解析】最早的IP电话工作方式是PC-to-PC。

59.B。【解析】目前的数字版权系统主要采用的是加密技术、数字签名技术、可信模块和水印技术以及它们的结合。

60.A。【解析】网络全文搜索引擎一般包括页面搜集器、分析器、索引器、检索器和用户接口等部分。

二、填空题

1.RISC。【解析】精简指令集计算机,即RISC(Reduced Instruction Set Computer)是一种执行较少类型计算机指令的微处理器。

2.时序性。【解析】流媒体(Streaming Media)是指在数据网络上按时间先后次序传输和播放的连续音/视频数据流。与普通的音视频文件先下载再播放的方式不同,流媒体在播放前并不下载整个文件,只将部分内容缓存,流媒体数据流就可以做到边传送边播放,这样节省了下载等待时间和存储空间。流媒体数据流具有三个特点:连续性(Continuous)、实时性(Real time)和时序性,即其数据流具有严格的前后时序关系。由于流媒体的这些特点,它已经成为在Internet上实时传输音视频的主要方式。

3.以太网物理(或MAC)。【解析】MAC地址又称为以太网物理地址,一般都采用6字节的MAC地址。

4.1500字节(或1500B)。【解析】Ethenet v2.0规定帧的数据字段的最小长度为46B,最大长度为1500B。

5.路由。【解析】RIP(Routing information Protocol)是应用较早、使用较普遍的内部网关协议,适用于小型同类网络,是典型的距离向量(Distance-vector)协议,用于在网络设备之间交换路由信息。

6.语法。【解析】网络协议的三个要素是:语法(用来规定信息格式)、语义(用来说明通信双方应当怎么做)、时序(详细说明事件的先后顺序)。

7.数据链路层。【解析】TCP/IP参考模型分为四个层次:应用层(与OSI的应用层对应)、传输层(与OSI的传输层对应)、互联层(与OSI的网络层对应)、主机一网络层(与OSI的数据链路层和物理层对应)。

8.6.8Gbps(或6800Mbps)。【解析】因为都是全双工,所以总带宽=24×0.1×2+1×2=0.48+2=6.8Gbps。

9.网页浏览器。【解析】Web OS的全称是Web based Operating System,其字面意思是基于网络的操作系统,通俗说就是基于浏览器的虚拟操作系统。

10.Linux。【解析】Novell公司对SUSE提出收购,以便通过SUSE Linux Professional进一步发展网络操作系统业务。

11.尽最大努力投递。【解析】IP服务的三个特点是:不可靠、面向无连接和尽最大努力投递。

12.255.255.255.255。【解析】受限的广播地址是255.255.255.255。该地址用于主机配置过程中IP数据报的目的地址,此时,主机可能还不知道它所在网络的网络掩码,甚至连它的IP地址也不知道。

13.128。【解析】IPv6的地址长度为128位。

14.控制单元。【解析】从概念上讲,浏览器由一个控制单元和一系列的客户单元、解释单元组成。控制单元是浏览器的中心,它协调和管理客户单元和解释单元。客户单元接收用户的键盘或鼠标输入,并调用其他单元完成用户的指令。

15.NVT(或网络虚拟终端)。【解析】为了解决系统的异质性,Telnet协议引入了网络虚拟终端(NetworkVirtual Terminal,NVT)的概念,它提供了一种专门的键盘定义,用来屏蔽不同的计算机系统对键盘输入的差异性。

16.轮询。【解析】SNMP是由一系列协议组和规范组成的,它能够提供从网络设备中收集网络治理信息的方法。从被管理设备中收集数据有两种方法:一种是轮询(Polling-only)方法,另一种是基于中断(Interrupt-based)的方法。

17. 加密。【解析】数字签名技术的实现基础是公开密钥加密技术，是用某人的私钥加密的消息摘要来确认消息的来源和内容。

18. 转发。【解析】包过滤防火墙将对每一个接收到的包做出允许或拒绝的决定。具体地讲，它针对每一个数据报的报头，按照包过滤规则进行判定，与规则相匹配的包依据路由信息继续转发，否则就丢弃。

19. 一个。【解析】组播(Multicast)传输：在发送者和每一接收者之间实现点对多点网络连接。如果一台发送者同时给多个接收者传输相同的数据，也只需复制一份相同的数据报。它提高了数据传送效率。减少了骨干网络出现拥塞的可能性。

20. 集中。【解析】P2P 技术存在三种结构模式的体系结构，即以 Napster 为代表的集中目录式结构、以 Gnutella 为代表的纯 P2P 网络结构和混合式 P2P 网络结构。

第 8 套 笔试考试试题答案与解析

一、选择题

1. B。【解析】我国从 1956 年开始研制计算机，1958 年研制成功第一台电子管计算机 103 机，1959 年夏研制成功运行速度为每秒 1 万次的 104 机，该机是我国研制的第一台大型通用电子数字计算机。

2. C。【解析】在计算机应用中，事务处理的数据量大、实时性强，并能模拟经济运行模型，在嵌入式装置能用于过程控制，所制造的机器人能模拟真人并能从事人类无法从事的工作。

3. D。【解析】计算机包括台式机、笔记本和工作站等；一般工作站都用做图形处理，属于图形工作站；也可分为 RISC 精简指令计算机和 PC 工作站。根据排除法可知选项 D 错误。

4. A。【解析】奔腾是 32 位的，显然 B 选项错误，C 和 D 选项中，超标量是通过内置多条流水线来同时执行多个处理器，其实质是以空间换取时间。而超流水线是通过细化流水、提高主频，使得在一个机器周期内完成一个甚至多个操作，其实质是以时间换取空间。

5. C。【解析】共享软件和商业软件一样，受版权法保护。

6. D。【解析】流媒体指在 Internet/Intranet 中使用流式传输技术的连续时基媒体，如：音频、视频或多媒体文件。流式媒体在播放前并不下载整个文件，只将开始部分内容存入内存，流式媒体的数据流随时传送随时播放，只是在开始时有一些延迟。流媒体实现的关键技术就是流式传输。

7. A。【解析】Internet 的最早起源于美国国防部高级研究计划署(ARPA)的前身 ARPANET，该网于 1969 年投入使用。由此，ARPANET 成为现代计算机网络诞生的标志，是对计算机网络发展具有重要影响的广域网。

8. D。【解析】网络协议至少包括三要素：①语法：用来规定信息格式，规定数据及控制信息的格式、编码及信号电平等。②语义：用来说明通信双方应当怎么做，用于协调与差错处理的控制信息。③时序：详细说明事件的先后顺序，并负责速度匹配和排序等。

9. A。【解析】数据传输速率在数值上，等于每秒钟传输构成数据代码的二进制比特数，单位为比特/秒，记做 bps。常用的数据传输速率单位有：Kbps、Mbps、Gbps 与 Tbps/s，其中：$1Kbps = 10^3 bps$，$1Mbps = 10^6 bps$，$1Gbps = 10^9 bps$，$1Tbps = 10^{12} bps$。

10. B。【解析】OIS 参考模型共分 7 层，它们的功能分别是：①物理层：处于 OSI 参考模型的最底层。物理层的主要功能是利用物理传输介质为数据链路层提供物理连接，以便透明地传送比特流。②数据链路层：在此层将数据分帧，并处理流控制。本层指定拓扑结构并提供硬件寻址；③网络层：本层通过寻址来建立两个结点之间的连接，它包括通过互联网络来路由和中继数据；④传输层：常规数据传送面向连接或无连接。包括全双工或半双工、流控制和错误恢复服务；⑤会话层：在两个结点之间建立端连接。此服务包括建立连接是以全双工还是以半双工的方式进行设置，尽管可以在层 4 中处理双工方式；⑥表示层：主要用于处理两个通信系统中交换信息的表示方式。它包括数据格式交换、数据加密与解密、数据压缩与恢复等功能；⑦应用层：应用层是开放系统的最高层，是直接为应用进程提供服务的。包括虚拟终端、作业传送与操作、文卷传送及访问管理、远程数据库访问、图形核心系统、开放系统互连管理等。

11. D。【解析】由于万兆以太网实质上是高速以太网，所以为了与传统的以太网兼容，必须采用传统以太网的帧格式承载业务。

12. A。【解析】FTP(文件传输协议)是 Internet 上使用非常广泛的一种通信协议。它是由支持 Internet 文件传输的各种规则所组成的集合，这些规则使 Internet 用户可以把文件从一个主机复制到另一个主机上，因而为用户提供了极大的方便和收益。FTP 通常也表示用户执行这个协议所使用的应用程序。

13. D。**【解析】**星形拓扑是一个路由器或者交换机充当中心的结点，其他电脑连接在上面，这种方式对中心结点的依赖性最大，接入的电脑越多，中间的设备要求越高。

14. B。**【解析】**IEEE 802.11 是最流行的 WLAN 协议，使用 2.4GHz 频段。最高速率 11Mbit/s，实际使用速率根据距离和信号强度可变。

15. A。**【解析】**1000BASE-LX 对应于 802.11z 标准，使用单模光纤的最大传输距离为 3km。

16. C。**【解析】**决定局域网特性的主要因素包括：网络拓扑、传输介质和介质访问控制方法。

17. A。**【解析】**全双工(Full Duplex)是指在发送数据的同时也能够接收数据，两者同步进行，所以本题总带宽为 24Gbps 时，全双工千兆端口数量最多为 12 个。

18. A。**【解析】**用户数据报协议(UDP)是 OSI 参考模型中一种无连接的传输层协议，提供面向事务的简单不可靠信息传送服务。是一个简单的面向数据报的传输层协议，IETF RFC 768 是 UDP 的正式规范。UDP 基本上是 IP 协议与上层协议的接口。UDP 适用端口分别运行在同一台设备上的多个应用程序。

19. C。**【解析】**网桥纳入存储和转发功能可使其适用于连接使用不同 MAC 协议的两个 LAN。因而构成一个不同 LAN 混联在一起的混合网络环境。到达帧的路由选择过程取决于发送的 LAN(源 LAN)和目的地所在的 LAN(目的 LAN)。网桥可以实现地址过滤与帧转发的功能。

20. A。**【解析】**DNS 是域名系统 (Domain Name System) 的缩写，该系统用于命名组织到域层次结构中的计算机和网络服务。在 Internet 上域名与 IP 地址之间是一对一(或者一对多)的，域名虽然便于人们记忆，但机器之间只能互相认识 IP 地址，它们之间的转换工作称为域名解析，域名解析需要由专门的域名解析服务器来完成，DNS 就是进行域名解析的服务器。

21. B。**【解析】**网际互联层对应于 OSI 参考模型的网络层，主要解决主机到主机的通信问题。该层有 4 个主要协议：网际协议(IP)、地址解析协议(ARP)、反向地址解析协议(RARP)和互联网控制报文协议(ICMP)。

22. D。**【解析】**博客的形式丰富多彩，不仅包含文字与图片，还可拥有声频、视频、动画等内容。

23. C。**【解析】**以太网帧的地址字段保存在媒体访问控制地址中，英文缩写为 MAC。

24. B。**【解析】**操作系统是计算机的重要组成部分，它管理计算机的软硬件资源，通过驱动程序可直接控制各种类型的硬件，故选项 B 正确。

25. D。**【解析】**现在的网络操作系统(NOS)包括多用户、多任务、多进程，在多进程系统中，为了避免两个进程并行处理所带来的问题，可以采用多线程的处理方式。所以 D 选项错误。

26. A。**【解析】**Hyper-V 设计的目的是为广泛的用户提供更为熟悉以及成本效益更高的虚拟化基础设施软件，这样可以降低运作成本、提高硬件利用率、优化基础设施并提高服务器的可用性。系统要求运行于 x64 处理器，x64 版本的 Windows Server 2008 的标准，Windows Server 2008 企业版或 Windows Server 2008 数据中心版均可。

27. C。**【解析】**计算机厂家在 UNIX 标准上分裂为两个阵营，分别为"UNIX 国际"(UI)和"开放系统基金会"(OSF)。

28. D。**【解析】**AIX 是 IBM 公司的产品，NetWare 是 Noverll 公司的产品，Solaris 是 Sun Microsystem 公司的产品。

29. B。**【解析】**集线器的英文为"Hub"。"Hub"是"中心"的意思，集线器的主要功能是对接收到的信号进行再生整形放大，以扩大网络的传输距离，同时把所有结点集中在以它为中心的结点上。不需要运行 IP。

30. A。**【解析】** HFC 即 Hybrid Fiber-Coaxial 的缩写，是光纤和同轴电缆相结合的混合网络。HFC 通常由光纤干线、同轴电缆支线和用户配线网络三部分组成，从有线电视台出来的节目信号先变成光信号在干线上传输，到用户区域后把光信号转换成电信号，经分配器分配后通过同轴电缆送到用户。

31. C。**【解析】**IP 服务具有三个特点：不可靠、无连接和尽最大努力。

32. A。**【解析】**主机 IP 地址和子网掩码做"与"运行的结果就是主机的网络地址。IP 地址的网络号部分在子网掩码中用"1"表示。所以此网络的 IP 地址是 20.22.25.0。

33. B。**【解析】**DNS 服务器负责将主机名连同域名转换为 IP 地址。DNS(域名服务器)可进行正向查询和反向查询。正向查询将名称解析成 IP 地址，而反向查询则将 IP 地址解析成名称。DNS 的一般格式为：本地主机名·组名·网络名。DNS 服务器是运行 Windows 2000 Active Directory 的服务器所必需的。

34. C。**【解析】**为了防止数据报在网络中无休止地流动，在 IP 报头中设置了"生存周期"域，随传递时间而递减。

35. D。**【解析】**IP 数据报分片后，通常由目的主机负责 IP 数据报重组。

36. A。【解析】如果路由器发现 IP 数据报有错误，则直接抛弃该数据报。

37. A。【解析】本题中，网络 30.0.0.0 和网络 40.0.0.0 都与路由器 S 直接相连，路由器 S 收到一个 IP 数据报，如果其目的 IP 地址的网络号为 30.0.0.0 或 40.0.0.0，那么 S 就可以将该报文直接传送给目的主机。但本题中要传送到网络 10.0.0.0，那么 S 就需要将该提出报文传送给与其直接相连的另一路由器 T，由路由器 T 再次投递报文。所以本题答案为 A。

38. C。【解析】RIP(路由选择信息协议)，采用贝尔曼-福德算法；RIP 提供跳跃计数作为尺度来衡量路由距离；RIP 度量值以 16 为限，不适合大型网络。解决路由环路问题，16 跳在 RIP 中被认为是无穷大，RIP 是一种域内路由算法自治路由算法，多用于园区网和企业网。故选项 C 正确。

39. D。【解析】当使用 TCP 进行数据传输时，如果接收方通知了一个 800B 的窗口值，那么发送方可以发送小于 800B 的 TCP 包。

40. A。【解析】在客户机/服务器模式中，响应并发请求可以采取的方案有两种：并发服务器和重复服务器。

41. C。【解析】HINFO 是 DNS 服务器上的主机信息记录。MX 是邮件交换记录，它指向一个邮件服务器，用于电子邮件系统发邮件时根据收信人的地址后缀来定位邮件服务器。A 表示主机地址的对象类型。

42. B。【解析】关于 POP3 和 SMTP 的响应字符串，SMTP 的响应字符串是以数字开始的，而 POP3 则不是。

43. C。【解析】WWW 的网页文件是用超文本标记语言(Hyper Text Markup Language，HTML)编写的，并是在超文件传输协议(Hype Text Transmission Protocol，HTTP)支持下运行的。

44. B。【解析】用户可通过 CA 安全认证(电子商务认证授权机构)来验证要访问服务器的真实性，CA 是负责发放和管理数字证书的权威机构，并作为电子商务交易中受信任的第三方，承担公钥体系中公钥的合法性检验的责任。

45. C。【解析】SNMP 网络管理的工作方式为：轮询方式、中断方式、陷入制导轮询方式。

46. B。【解析】本标准规定了计算机系统安全保护能力的 5 个等级，即：第 1 级：用户自主保护级；第 2 级：系统审计保护级；第 3 级：安全标记保护级；第 4 级：结构化保护级；第 5 级：访问验证保护级。本标准适用于计算机信息系统安全保护技术能力等级的划分。计算机信息系统安全保护能力随着安全保护等级的增高，逐渐增强。

47. B。【解析】主动攻击包含攻击者访问他所需信息的故意行为。包括拒绝服务攻击、信息篡改、资源使用、欺骗等攻击方法。被动攻击主要是收集信息，而不是进行访问，数据的合法用户对这种活动一点也不会觉察到。被动攻击包括嗅探、信息收集等攻击方法。电子邮件监听属于被动攻击。

48. B。【解析】Blowfish 是一个 64 位分组及可变密钥长度的分组密码算法，算法由两部分组成：密钥扩展和数据加密。

49. B。【解析】公钥加密算法包括：RSA、EIGamal 和背包加密算法。

50. C。【解析】最常用的一些公钥数字签名算法有 RSA 算法和数字签名标准算法(DSS)等。

51. A。【解析】DES 使用 Feistel 的技术，其中将加密的文本块分成两半。使用子密钥对其中一半应用循环功能，然后将输出与另一半进行"异或"运算；接着交换这两半，这一过程会继续下去，但最后一个循环不交换。由于 DES 是加(解)密 64 位明(密)文，可以据此初步判断这是分组加密，加密的过程中会有 16 次循环与密钥置换过程，据此可以判断有可能是用到 DES 密码算法。而逻辑与不是 DES 算法使用的基本运算。

52. D。【解析】Kerberos 身份认证协议中提供了会话密钥。

53. C。【解析】IPSec 协议不是一个单独的协议，它给出了应用于 IP 层上网络数据安全的一整套体系结构，包括网络认证协议(AH)、封装安全载荷协议(ESP)、密钥管理协议(IKE)和用于网络认证及加密的一些算法等。

54. D。【解析】DVMRP 是距离向量多播选路协议，MOSPF 为组播扩展 OSPF，PIM-DM 是密集模式独立组播协议，而 CBT 是基于计算机的训练。

55. B。【解析】Chord、Pastry、Tapestry 都属于混合式网络拓扑结构。

56. A。【解析】SIP 是一个应用层的信令控制协议。它类似于 HTTP 的基于文本的协议。SIP 可以减少应用特别是高级应用的开发时间。SIP 是类似于 HTTP 的基于文本的协议。XMPP(可扩展消息处理现场协议)是基于可扩展标记语言(XML)的协议，它用于即时消息(IM)以及在线现场探测。

57. B。【解析】IPTV 即交互式网络电视，是一种利用宽带有线电视网，集互联网、多媒体、通信等多种技术于一体，向家庭用户提供包括数字电视在内的多种交互式服务的崭新技术。所以 B 选项正确。

58. D。【解析】Skype 有以下突出优点：超清晰语音质量；极强的穿透防火墙能力；免费多方通话；快速传送超大文件；无延迟即时消息；全球通用；采用"端对端"加密，极具保密性；跨平台使用。

59. B。【解析】数字版权管理主要采用数据加密、版权保护、认证和数字水印技术。

60.C。【解析】百度搜索技术采用了分布式爬行技术，搜索器被称为蜘蛛、机器人或爬虫；在百度的搜索技术上，它采用了自己独特的超链接技术、超文本匹配分析技术及页面等级处理技术，它解决了基于网页质量的排序与基于相关性的排序相结合的难题。

二、填空题

1.GIS。【解析】地理信息系统英文简称为GIS(Geographic Information System)。GIS是以地理空间数据库为基础，在计算机软硬件的支持下，运用系统工程和信息科学的理论，科学管理和综合分析具有空间内涵的地理数据，以提供管理、决策等所需信息的技术系统。简单来说，地理信息系统就是综合处理和分析地理空间数据的一种技术系统。

2.企业资源规划。【解析】所谓ERP(Enterprise Resource Planning)是企业资源规划的简写。是指建立在信息技术基础上，以系统化的管理思想，为企业决策层及员工提供决策运行手段的管理平台。

3.数据链路层。【解析】IEEE 802参考模型是美国电气电子工程师协会在1980年2月制订的，称为IEEE802标准，这个标准对应于OSI参考模型的物理层和数据链路层，数据链路层又划分为逻辑链路控制子层(LLC)和介质访问控制子层(MAC)。

4.定向光束。【解析】红外无线局域网的数据传输技术共包括三种方式：定向光束红外传输、全方位红外传输和漫反射红外传输。

5.逻辑。【解析】虚拟局域网是指在交换局域网的基础上，采用网络管理软件构建的可跨越不同网段、不同网络的端到端的逻辑网络。一个VLAN组成一个逻辑子网，即一个逻辑广播域，它可以覆盖多个网络设备，允许处于不同地理位置的网络用户加入到一个逻辑子网中，即以软件的方式来实现和管理逻辑工作组。

6.城域网。【解析】计算机网络可以划分为局域网、城域网和广域网。局域网的规模相对较小，通信线路短，覆盖地域的直径一般为几百米至几千米。城域网是指覆盖一个城市范围的计算机网络，一般范围在10～100km之间。广域网则是指更大范围的网络，覆盖一个国家，甚至整个地球。

7.48。【解析】MAC地址也叫物理地址(硬件地址或链路地址)，由网络设备制造商生产时写在硬件内部。IP地址与MAC地址在计算机中都是以二进制表示的，IP地址是32位的，而MAC地址则是48位的。MAC地址的长度为48位(6个字节)，通常表示为12个十六进制数，每两个十六进制数之间用冒号隔开，如08:00:20:0A:8C:6D就是一个MAC地址。

8.SMTP。【解析】SMTP(Simple Mail Transfer Protocol，简单邮件传输协议)是一组用于由源地址到目的地址传送邮件的规则，由它来控制信件的中转方式。

9.组织单元。【解析】OU(Organizational Unit，组织单位或组织单元)可以将用户、组、计算机和其他组织单位放入其中的AD容器，也可以指派组策略设置或派管理权限的最小作用域或单元。通俗一点说，如果把AD比做一个公司的话，那么每个OU就是一个相对独立的部门。

10.虚拟化。【解析】Red Hat Linux(红帽Linux)是一个比较成熟的Linux系统。红帽Linux企业版提供了自动化的基础架构，其中包括虚拟化、身份管理、高可用性等功能。

11.三次握手。【解析】为了保证连接的可靠性，TCP(用户数据报表协议或传输控制协议)使用了“三次握手”法：对每次发送的数据量是怎样跟踪进行协商使数据段的发送和接收同步，根据所接收到的数据量来确定数据确认数及数据发送、接收完毕后何时撤销联系，并建立虚连接。

12.255.255.255.255。【解析】在路由表中，特定主机路由表项的子网掩码应为255.225.255.255。换句话说，网络里只有一台机器。

13.21DA::12AA:2C5F:FE08:9C5A。【解析】某些类型的地址中可能包含很长的零序列，为进一步简化表示法，IPv6还可以将冒号十六进制格式中相邻的连续零位进行零压缩，用双冒号“::”表示。本题链路本地地址21DA:0000:0000:0000:12AA:2C5F:FE08:9C5A可压缩成21DA::12AA:2C5F:FE08:9C5A。例如，多点传送地址FF02:0:0:0:0:0:0:2压缩后，可表示为FF02::2。

14.客户机。【解析】客户机/服务器是由客户机、服务器和连接支持部分组成。其中客户机是体系结构的核心部分，是一个面向最终用户的接口设备或应用程序。它是一项服务的消耗者，可向其他设备或应用程序提出请求，然后再向用户显示所得信息；服务器是一项服务的提供者，它包含并管理数据库和通信设备，为客户请求过程提供服务；连接支持是用来连接客户机与服务器的部分。

15.PASV。【解析】FTP支持两种模式，一种方式叫做Standard(也就是PORT方式，主动方式)，一种是Passive(也就是PASV，被动方式)。Standard模式FTP的客户端发送PORT命令到FTP服务器。Passive模式FTP的客户端发送

PASV 命令到 FTP 服务器。

16. 发现。【解析】故障管理的任务主要有两方面，分别为发现故障和排除故障。

17. 传输。【解析】信息安全包括两个方面：信息的存储安全和信息的传输安全。信息的存储安全是指信息在静态存放状态下的安全，如是否会被非授权调用等。信息的传输安全是指信息在动态传输过程中的安全。

18. 加密方法。【解析】在进行唯密文攻击(或仅密文攻击)时，密码分析者已知的信息包括：要解密的密文和加密算法。但如果仅拥有这两样，则破译的难度最大，因为分析人员的可用信息量很少。

19. 集中式。【解析】集中式 P2P 结构的特点是由服务负责记录共享的信息和回答对这些信息的查询。

20. 转发。【解析】QQ 客户端进行聊天的方式有两种：一是客户端直接建立连接进行聊天的即时聊天，一是用服务器转发的非即时方式的消息传送。

第 9 套 笔试考试试题答案与解析

一、选择题

1. D。【解析】IBM PC 是 IBM 个人电脑的缩写，它是 IBM PC 兼容机硬件平台的原型和前身，其模型号码为 5150，于 1981 年 8 月 12 日被引入中国。

2. C。【解析】计算机辅助技术是采用计算机作为工具，将计算机用于产品的设计、制造和测试等过程的技术，辅助人们在特定应用领域内完成任务的理论、方法和技术。它包括了诸如计算机辅助设计(CAD)、计算机辅助制造(CAM)、计算机辅助教学(CAI)等各个领域。

3. B。【解析】所谓刀片式服务器是指在标准高度的机架式机箱内可插装多个卡式的服务器单元，实现高可用和高密度。每一块"刀片"实际上就是一块系统主板。

4. A。【解析】选项 A 中，MTBF 即平均无故障时间，是指相邻两次故障之间的平均工作时间，也称为平均故障间隔。它反映了产品的时间质量，是体现产品在规定时间内保持功能的一种能力。选项 C 中，衡量 CPU 速度的两个单位：单字长定点指令的平均执行时间单位是 MIPS、单字长浮点指令的平均执行速度单位是 MFLOPS。选项 D 中，计算机的存储容量中 1KB=1024B，1MB=1024KB，1GB=1024MB。

5. B。【解析】8088 为 16 位微处理器，奔腾、奔腾Ⅱ、奔腾Ⅲ，以及早期的奔腾 4 都是 32 位的，自从 90 纳米的奔腾 4 上市才有了 64 位的说法，而目前出的奔腾 4、奔腾 d、奔腾 e 就都是 64 位的了，而且都是 65 纳米的处理器。不过操作系统 Windows 98/2000/XP 都是 32 位的，只有 Vista 才有 64 位的版本。安腾为 64 位处理器，本题答案为 B。

6. B。【解析】数据压缩技术的理论基础就是信息论。信息论中的信源编码理论解决的主要问题包括数据压缩的理论极限和数据压缩的基本途径，属于有损压缩。根据信息论的原理，可以找到最佳数据压缩编码的方法，数据压缩的理论极限是信息熵。如果要求编码过程中不丢失信息量，即要求保存信息熵，这种信息保持编码叫熵编码，是根据消息出现概率的分布特性而进行的，是无损数据压缩编码。

7. A。【解析】网络协议的三要素为语法、语义和时序。语法是通信数据和控制信息的结构与格式；语义对具体事件应发出何种控制信息，完成何种动作，以及做出何种应答做出了说明；时序是对事件实现顺序的详细说明。所以本题答案为 A。

8. C。【解析】OSI 参考模型共分 7 层，其内容如下：①应用层是 OSI 中的最高层。应用层确定进程之间通信的性质，以满足用户的需要。②表示层主要用于处理两个通信系统中交换信息的表示方式。③会话层是在两个结点之间建立端连接。④传输层用于常规数据递送(面向连接或无连接)，包括全双工或半双工、流控制和错误恢复服务。⑤网络层通过寻址来建立两个结点之间的连接，它包括通过互联网络来路由和中继数据。⑥数据链路层将数据分帧，并处理流控制，指定拓扑结构并提供硬件寻址。⑦物理层处于 OSI 参考模型的最底层。它的主要功能是利用物理传输介质为数据链路层提供物理连接，以便透明地传送比特流。所以本题答案为 C。

9. A。【解析】1Gbps=1024Mbps，所以本题应为 12.5MB/1024Mbps=0.01s。本题答案为 A。

10. D。【解析】HTML 即超文本标记语言或超文本链接标识语言，是目前网络上应用最为广泛的语言，也是构成网页文档的主要语言。IGMP(Internet Group Management Protocol)为 Internet 组管理协议，它是因特网协议家族中的一个组播协议，用于 IP 主机向任一个直接相邻的路由器报告它们的组成员情况。DHCP(Dynamic Host Configuration Protocol，动态主机设置协议)是一个局域网的网络协议，使用 UDP 协议工作。SMTP(Simple Mail Transfer Protocol，简单邮件传输协议)是一组用于由源地址到目的地址传送邮件的规则，由它来控制信件的中转方式。所以本题答案为 D。

11. C。【解析】TCP/IP与OSI模型是一种相对应的关系。应用层:大致对应于OSI模型的应用层和表示层,应用程序通过该层利用网络。传输层:大致对应于OSI模型的会话层和传输层,包括TCP(传输控制协议)以及UDP(用户数据报协议),这些协议负责提供流控制、错误校验和排序服务。所有的服务请求都使用这些协议。互联网层:对应于OSI模型的网络层,包括IP(网际协议)、ICMP(网际控制报文协议)、IGMP(网际组报文协议)以及ARP(地址解析协议)。这些协议处理信息的路由以及主机地址解析。网络接口层大致对应于OSI模型的数据链路层和物理层,该层处理数据的格式化以及将数据传输到网络电缆。所以本题答案为C。

12. A。【解析】CSMA/CD即载波监听多路访问/冲突检测方法。在以太网中,所有的结点共享传输介质。如何保证传输介质有序、高效地为许多结点提供传输服务,就是以太网的介质访问控制协议要解决的问题。

13. D。【解析】以太网的帧结构中,表示网络层协议字段的是类型。

14. B。【解析】局域网交换机可建立多个端口之间的并发连接,通过存储转发的方式交换数据,它的核心是端口与MAC地址映射。

15. A。【解析】1000BASE有4种传输介质标准:1000BASE-LX、1000BASE-SX、1000BASE-CX、1000BASE-T。1000BASE-LX对应于802.3z标准,既可以使用单模光纤,也可以使用多模光纤。1000BASE-SX也对应于802.3z标准,只能使用多模光纤。1000BASE-CX对应于802.3z标准,使用的是铜缆。1000BASE-T使用非屏蔽双绞线作为传输介质,传输的最长距离是100米。

16. C。【解析】无线局域网绝不是用来取代有线局域网的,而是用来弥补有线局域网之间的不足,以达到网络延伸的目的。

17. D。【解析】略

18. D。【解析】MAC地址也叫物理地址、硬件地址或链路地址,由网络设备制造商生产时写在硬件内部。IP地址与MAC地址在计算机中都是以二进制表示的,IP地址是32位的,而MAC地址则是48位的。

19. C。【解析】千兆以太网标准为IEEE 802.3,基本传输速率为1Gbps,主要针对三种类型的传输介质:①单模光纤;②多模光纤上的长波激光(称为1000BaseLX)、多模光纤上的短波激光(称为1000BaseSX);③1000BaseCX介质,该介质可在均衡屏蔽的150Ω铜缆上传输。

20. A。【解析】Internet传输层的两个重要协议分别是TCP和UDP。RIP(路由信息协议)是一种在网关与主机之间交换路由选择信息的标准。ARP是地址解析协议。FTP为文件传输协议。

21. C。【解析】总线型拓扑:是一种基于多点连接的拓扑结构,所有的设备连接在共同的传输介质上。环形拓扑:把每台PC连接起来,数据沿着环依次通过每台PC直接到达目的地,在环形结构中每台PC都与另两台PC相连,每台PC的接口适配器必须接收数据再传往另一台。一台出错,整个网络会崩溃,因为两台PC之间都有电缆,所以能获得好的性能,它的传输延时一般是确定的。树形拓扑结构:把整个电缆连接成树形,树枝分层每个分枝点都有一台计算机,数据依次往下传,优点是布局灵活,但是故障检测较为复杂,PC环不会影响全局。星形拓扑:在中心放一台中心计算机,每个臂的端点放置一台PC,所有的数据报及报文通过中心计算机来通信,除了中心机外每台PC仅有一条连接,这种结构需要大量的电缆,星形拓扑可以看成一层的树形结构,不需要多层PC的访问权争用。菊花链拓扑:类似于环形拓扑结构,但是中间有一对断点。

22. D。【解析】计算机网络,是指将地理位置不同的具有独立功能的多台计算机及其外部设备,通过通信线路连接起来,在网络操作系统、网络管理软件及网络通信协议的管理和协调下,实现资源共享和信息传递的计算机系统。不必限定每台联网的计算机之间的关系。

23. B。【解析】Gnutella是简单又方便的网络交换文件软件,提供另外一种更简单的交换文件方式供选择。不属于即时通信软件。

24. C。【解析】在文件I/O中,要从一个文件读取数据,应用程序首先要调用操作系统函数并传送文件名,并选一个到该文件的路径来打开文件。该函数取回一个顺序号,即文件句柄(File Handle),该文件句柄对于打开的文件是唯一的识别依据。BIOS是基本输入输出系统的缩写。

25. B。【解析】早期的NOS是单平台的操作系统。

26. A。【解析】活动目录具有很强的扩展性与可调性,是Window 2000 Server的主要特点之一。

27. D。【解析】Linux是一类UNIX计算机操作系统的统称。Linux操作系统也是自由软件和开放源代码发展中最著名的例子。所以D选项错误。

28. D。【解析】NetWare是Novell公司推出的网络操作系统。NetWare最重要的特征是基于基本模块设计思想的开放式系统结构。SUSE Linux 原是以 Slackware Linux 为基础，并提供完整德文使用界面的产品。1992 年 Peter McDonald 成立了 SLS 发行版，2004 年 1 月 Novell 收购 SUSE，目前最新版为 SUSE Linux 11.1。

29. A。【解析】在因特网中，网络之间的互联最常使用的设备是路由器。

30. D。【解析】IP(Internet Protocol)是网络之间互联的协议，也就是为计算机网络相互连接进行通信而设计的协议。根据网络差异的不同，IP 协议屏蔽不同物理网络之间的差异。

31. A。【解析】ADSL 为非对称数字用户环路，是一种新的数据传输方式。它因为上行和下行带宽不对称，因此称为非对称数字用户线环路。它采用频分复用技术把普通的电话线分成了电话、上行和下行三个相对独立的信道，从而避免了相互之间的干扰。即使边打电话边上网，也不会发生上网速率和通话质量下降的情况。在电信服务提供商端，需要将每条开通 ADSL 业务的电话线路连接在数字用户线路访问多路复用器(DSLAM)上。而在用户端，用户需要使用一个 ADSL 终端(猫)来连接电话线路。

32. D。【解析】C 类 IP 地址范围从 192.0.0.1 到 223.255.255.254 的单址广播 IP 地址。前三个 8 位字节指明网络，后一个 8 位字节指明网络上的主机。其子网掩码为 255.255.255.240。

33. B。【解析】ARP 为地址解析协议。在局域网中，网络中实际传输的是"帧"，帧里面有目标主机的 MAC 地址。其请求用广播方式，响应采用单播方式。

34. C。【解析】任何时候 IP 层接收到一份要发送的 IP 数据报时，它要判断向本地哪个接口发送数据，并查询该接口获得的 MTU。IP 把 MTU 与数据报长度进行比较，如果需要则进行分片。

35. D。【解析】ICMP 是因特网控制报文协议。它是 TCP/IP 协议族的一个子协议，用于在 IP 主机、路由器之间传递控制消息。回应请求与应答 ICMP 报文的主要功能是测试目的主机或路由器的可达性。

36. B。【解析】略。

37. C。【解析】本题中，网络 20.0.0.0 和 30.0.0.0 都与路由器 R 直接相连，路由器 R 收到一个 IP 数据报，如果其目的 IP 为 20.0.0.0 或 30.0.0.0，则 R 就可以将该报文直接传送给目的主机，但本题要传送给 40.0.0.0，那么 R 就需要将该报文传送给与其直接相连的另一路由器 S，路由器 S 再次投递报文。所以第一跳步为 30.0.0.7。

38. A。【解析】OSPF 是一个内部网关协议，用于在单一自治系统内决策路由。与 RIP 相对，OSPF 是链路状态路由协议，而 RIP 是距离向量路由协议。OSPF 属动态的自适应协议，对于网络的拓扑结构变化可以迅速地做出反应，进行相应调整，提供短的收敛期，使路由表尽快稳定化。每个路由器都维护一个相同的、完整的全网链路状态数据库。RIP 是面向相邻路由器广播的方式。

39. B。【解析】由于地址长度要求，地址包含由零组成的长字符串的情况十分常见。为了简化对这些地址的写入，可以使用压缩形式，在这一压缩形式中，多个 0 块的单个连续序列由双冒号符号(::)表示。此符号只能在地址中出现一次。

40. A。【解析】在网络连接模式中，除对等网外，还有另一种形式的网络，即客户机/服务器网(Client/Server)。在客户机/服务器网络中，服务器是网络的核心，而客户机是网络的基础，客户机依靠服务器获得所需要的网络资源，而服务器为客户机提供网络必需的资源。在客户机/服务器计算模式中，标识一个特定的服务通常使用 TCP 或 UDP 端口号。

41. C。【解析】目前大多数 POP 客户端和服务端都是采用 ASCII 码来明文发送用户名和密码，在认证状态下服务端等待客户端连接时，客户端发出连接请求，并把由命令构成的 user/pass 用户身份信息数据明文发送给服务端。所以 PASS 的主要功能就是提供用户密码。

42. B。【解析】远程登录计算机利用 TCP 协议进行数据传输，用户计算机作为远程计算机的仿真终端，使用 NVT 屏蔽不同计算机系统对键盘输入的差异。客户端和服务端并不需要使用相同的操作系统。

43. C。【解析】HTTP 是超文本传输协议，是用于从 WWW 服务器传输超文本到本地浏览器的传送协议，是客户端浏览器或其他程序与 Web 服务器之间的应用层通信协议。在 Internet 上的 Web 服务器上存放的都是超文本信息，客户机需要通过 HTTP 协议传输所要访问的超文本信息。HTTP 报文由从客户机到服务器的请求和从服务器到客户机的响应构成。基于 HTTP 协议的客户/服务器模式的信息交换过程(会话过程)分为建立连接、发送请求信息、发送响应信息、关闭连接。选项 B 不正确。

44. A。【解析】SSL 协议位于 TCP/IP 与各种应用层协议之间，为数据通信提供安全支持，以保障在 Internet 上数据传输的安全，利用数据加密技术，可确保数据在网络上的传输过程中不会被截取及窃听。

45. B。【解析】QQ 即时通信属于点对点的通信方式，首先要注册官方服务器，当处于离线模式时，支持服务器转发消息，下次登录时显现。聊天信息通过加密发送，属于非明文传输。

46. D.【解析】计算机信息系统安全保护等级划分为5个准则：①自主保护级：不危害国家安全、社会秩序、经济建设、公共利益；②指导保护级：造成一定损害；③监督保护级：造成较大损害；④强制保护级：造成严重损害；⑤专控保护级：造成特别严重损害。最高级别为专控保护级。

47. B.【解析】非服务攻击与特定服务无关，比服务攻击更为隐蔽，因而被认为是一种更为有效的攻击手段，非服务攻击常基于网络底层协议，利用实现协议时的漏洞达到攻击的目的。地址欺骗常用于此。

48. D.【解析】DES算法为密码体制中的对称密码体制，又被称为美国数据加密标准。其密钥长度为56位，明文按64位进行分组，将分组后的明文组和56位的密钥按位替代或交换的方法形成密文组的加密方法。

49. C.【解析】唯密文攻击指的是在仅知已加密文字的情况下进行攻击，此方案同时用于攻击对称密码体制和非对称密码体制。选择明文攻击指的是攻击者可以事先任意选择一定数量的明文，让被攻击的加密算法加密，并得到相应的密文。攻击者的目标是通过这一过程获得关于加密算法的一些信息，以利于攻击者在将来更有效地破解由同样加密算法(以及相关钥匙)加密的信息。在最坏情况下，攻击者可以直接获得解密用的钥匙。选择密文攻击指密码分析者事先任意搜集一定数量的密文，让这些密文透过被攻击的加密算法解密，透过未知的密钥获得解密后的明文。

50. A.【解析】数字签名技术即进行身份认证的技术。在数字化文档上的数字签名类似于纸张上的手写签名，是不可伪造的。接收者能够验证文档确实来自签名者，并且签名后文档没有被修改过，从而保证信息的真实性和完整性。在指挥自动化系统中，数字签名技术可用于安全地传送作战指挥命令和文件。所以本题答案为A。

51. B.【解析】X.25协议是CCITT(ITU)建议的一种协议，它定义终端和计算机到分组交换网络的连接。分组交换网络在一个网络上为数据分组选择到达目的地的路由。

52. C.【解析】PGP是一个基于RSA公钥加密体系，它支持RSA报文加密，采用RSA和传统加密的复合算法用于数字签名、加密压缩等，所以答案选C。

53. A.【解析】AES设计有三个密钥长度：128、192和256位。所以A选项是错误的。

54. B.【解析】组播报文的目的地址使用D类IP地址，范围从224.0.0.0到239.255.255.255。D类地址不能出现在IP报文的源IP地址字段。

55. A.【解析】集中式网络是呈星形或树形拓扑的网络，其中所有的信息都要经过中心结点交换机，各类链路都从中心结点交换机发源。Napster是一款可以在网络中下载自己想要的MP3文件的软件名称，它同时能够让自己的机器也成为一台服务器，为其他用户提供下载。Napster是P2P网络拓扑中集中式拓扑结构的典型代表。

56. C.【解析】SIP是一个应用层的信令控制协议。响应消息可分为状态行、消息头、空行和消息体等4个部分。

57. B.【解析】IPTV即交互式网络电视，其基本技术形态可以概括为视频数字化、播放流媒体化和传输IP化，IPTV是一种利用宽带有线电视网，集互联网、多媒体、通信等多种技术于一体，向家庭用户提供包括数字电视在内的多种交互式服务的崭新技术。

58. D.【解析】IP电话是由语音终端、语音网关、网守和MCU(微控制单元)等组成的。

59. B.【解析】第二代反病毒软件的主要特征是可以启发扫描，主动防御。

60. A.【解析】搜索引擎虽然表现为各种不同的形式，但从根本上说是由信息搜集器、检索器、索引器和用户接口组成的。

二、填空题

1. 静态。【解析】JPEG(Joint Photographic Experts Group)是在国际标准化组织(ISO)领导之下制定静态图像压缩标准的委员会，第一套国际静态图像压缩标准就是该委员会制定的。由于JPEG优良的品质，使其在短短几年内获得了极大的成功，被广泛应用于互联网和数码相机领域，网站上80%的图像都采用了JPEG压缩标准。

2. 商业。【解析】商业软件是在计算机软件中作为商品进行交易的软件。

3. 误码率。【解析】误码率是衡量数据在规定时间内数据传输精确性的指标。也就是数据在传输过程中出现错误的概率，误码率=传输中的误码/所传输的总码数×100%。如果有误码就有误码率。

4. 下。【解析】ISO将整个通信功能划分为7个层次，划分原则分为：①网路中各结点都有相同的层次；②不同结点的同等层具有相同的功能；③同一结点内相邻层之间通过接口通信；④每一层使用下层提供的服务，并向其上层提供服务；⑤不同结点的同等层按照协议实现对等层之间的通信。

5. MAC。【解析】数据链路层在概念上常被划分为两个子层：逻辑链路控制子层(LLC)和媒体访问控制子层(MAC)。

6. AdHoc。【解析】AdHoc网络是一种无中心自组织的多跳无线网络，它不以任何已有的固定设施为基础，而能随时随地组建临时性网络。它是具有特殊用途的对等式网络,使用无线通信技术,网络中的结点互相作为其邻居的路由器,通过结点转发实现结点间的通信。具有组网灵活、扩容方便、维护费用和运营成本低、安装快捷、系统简单、覆盖范围广等优点。

7.连接。【解析】TCP(传输控制协议)是一种面向连接的、可靠的、基于字节流的传输层通信协议,在简化的计算机网络OSI模型中,它完成第4层传输层所指定的功能,UDP是同一层内另一个重要的传输协议。

8.路由。【解析】在广域网中,数据分组传输需要进行路由选择和分组转发的过程,根据不同的路由再进行包的大小转换。

9.分配。【解析】内存管理在不同的操作系统有不同的实现,一般来讲,内存管理是实现内存的分配、回收、保护与扩充。

10.进程。【解析】UNIX内核部分包括文件子和系统进程控制子系统。

11.127。【解析】127.0.0.1是回送地址,指本地机,一般用来测试使用。回送地址(127.x.x.x)是本机回送地址,即主机IP堆栈内部的IP地址,主要用于网络软件测试以及本地机进程间通信,无论什么程序,一旦使用回送地址发送数据,协议软件立即返回之,不进行任何网络传输。

12.松散。【解析】源路由选项分为两类,一类是严格源路由选项,一类是松散源路由选项,可用于测试某特定网络的吞吐率、使数据报绕开出错网络等。

13.返回时间。【解析】通过测量一系列的返回时间值,TCP协议可以估算数据报重发前需要的等待时间。

14.递归。【解析】域名解析有递归解析和反复解析两种方式,递归解析要求名字服务器一次性完成全部名字到地址的转换,反复解析指每次请求一个服务器,如果不通再请求别的服务器。

15.建立。【解析】简单邮件传输协议(SMTP)是一种基于文本的电子邮件传输协议,是因特网中用于在邮件服务器之间交换邮件的协议。SMTP要经过建立连接、传递邮件和关闭连接三个阶段。

16.服务质量。【解析】性能管理的主要目的是维护网络运营效率和网络的服务质量。

17.存储。【解析】网络信息安全的主要特征是保证信息安全,它主要包括两方面,信息传输安全和信息存储安全。

18.16。【解析】DES算法为密码体制中的对称密码体制,它把64位的明文输入块变为64位的密文输出块,它所使用的密钥也是64位,DES将64位明文进行分组操作。通过一个初始置换,将明文分组分成左半部分和右半部分,各32位长。然后进行16轮相同的运算,这些相同的运算被称为函数f,在运算过程中数据和密钥相结合。经过16轮运算后,左、右部分在一起经过一个置换(初始置换的逆置换),这样算法就完成了。

19.应用。【解析】构成防火墙系统的几个基本部件为包过滤路由器、电路级网关和应用级网关。

20.域内。【解析】组播协议分为主机一路由器之间的组成员关系协议和路由器一路由器之间的组播路由协议。组成员关系协议包括IGMP(互联网组管理协议)。组播路由协议分为域内组播路由协议及域间组播路由协议。

第10套　笔试考试试题答案与解析

一、选择题

1.C。【解析】1991年6月,中国科学院高能物理所取得Decnet协议,直接连入了美国斯坦福大学的斯坦福线性加速器中心。

2.B。【解析】在制造业中,利用虚拟样机测试可缩短产品从概念形成到投产的开发时间,且提高了产品质量。改模次数也从原来的几十次减少到现在的几次,甚至不用修改,在产品开发前期就可在计算机中看到虚拟样机,深受客户的青睐。

3.D。【解析】台式机能无线上网,购买一个USB无线上网卡,去联通、电信、移动营业厅选择3G无线网络套餐即可实现无线上网。

4.A。【解析】SATA(Serial Advanced Technology Attachment,串行高级技术附件)是一种基于行业标准的串行硬件驱动接口,SATA规范将硬盘的外部传输速率理论值提高到150MB/s,比PATA和ATA都要高很多。

5.D。【解析】微软的Office属于商业软件。共享软件是指以“先使用后付费”的方式销售的享有版权的软件。根据共享软件作者的授权,用户可以从各种渠道免费得到它的拷贝,也可以自由传播它。而商业软件是指在计算机软件中,被作为商品进行交易的软件。现在大多数软件都属于商业软件。

6.B。【解析】JPEG就是采用国际标准压缩的,它是典型的混合压缩。先使用DCT压缩,这是有损压缩,接着采用熵压缩,是无损压缩。

7.D。【解析】OSI参考模型共分为7层,从最底层开始是物理层、数据链路层、网络层、传输层、会话层、表示层、应用层。

8. C。【解析】星形网络由中心结点和其他从结点组成，中心结点可直接与从结点通信，而从结点必须通过中心结点才能通信，其中心结点一般由集线器或交换机的设备充当。

9. A。【解析】在通信系统中，如果发送的信号是"1"，而接收到的信号却是"0"，这就是"误码"。在一定时间内收到的数字信号中发生误码的比特数与同一时间所收到的数字信号的总比特数之比，就叫做"误码率"，误码率(Bit Error Ratio，BER)是衡量数据在规定时间内数据传输精确性的指标。

10. B。【解析】传输层对应于OSI参考模型的传输层，为应用层实体提供端到端的通信功能。该层定义了两个主要的协议：传输控制协议(TCP)和用户数据报协议(UDP)，TCP协议提供的是一种可靠的、面向连接的数据传输服务；而UDP协议提供的是不可靠的、无连接的数据传输服务。

11. C。【解析】Telnet协议是TCP/IP族中的一员，是Internet远程登录服务的标准协议和主要方式。它为用户提供了在本地计算机上完成远程主机工作的能力。在终端使用者的计算机上使用Telnet程序，用它连接到服务器。终端使用者可以在Telnet程序中输入命令，这些命令会在服务器上运行，就像直接在服务器的控制台上输入一样。

12. A。【解析】交换式局域网的核心设备是局域网交换机，可以在它的多个端口之间建立多个并发连接。

13. C。【解析】IEEE 802.3u (100Base-T)是100Mbps以太网的标准。100Base-T技术中可采用三类传输介质，即100Base-T4、100Base-TX和100Base-FX，它采用4B/5B编码方式。

14. B。【解析】Ethernet通过在DLC头中2字节的类型(Type)字段来辨别接收处理。类型字段是用来指定上层协议的(如0800指示IP、0806指示ARP等)，它的值一定是大于05FF的，它提供无连接服务的、本身不控制数据(DATA)的长度，它要求网络层来确保数据字段的最小长度(46B)。

15. C。【解析】目前的无线局域网支持54Mbps和108Mbps，还不支持1Gbps。

16. A。【解析】P2P共享又称P2P档案共享、P2P文件共享(File Sharing)。文件共享是指主动地在网络上(互联网或小的网络)共享自己的计算机文件。P2P文件共享使用P2P(Peer-to-Peer)模式，文件本身存在用户的个人计算机上，如果没有人共享，网络中将不会有文件可以被下载。2000年3月，美国在线公司(America Online)的Nullsoft的两名工程师贾斯廷·弗兰克尔(Justin Frankel)和汤姆·佩珀(Tom Pepper)瞒着公司开发了Gnutella，Gnutella是第一个真正的非中心的客户端。Gnutella对文件共享有深刻的影响，是目前最流行的P2P共享网络。

17. B。【解析】1000Base-CX：用于短距离设备的连接，使用高速率双绞铜缆，最大传输距离为25m。

18. D。【解析】随机访问型协议总线网最常用的介质访问控制层协议是带冲突检测的载波监听多路访问协议(CSMA/CD)。这种协议属于随机访问型，或者称争用型协议。起源于ALOHA协议，是Xerox(施乐)公司吸取了ALOHA技术的思想而研制出的一种采用随机访问技术的竞争型媒体访问控制方法，后来成为IEEE 802标准之一，即MAC的IEEE 802标准。

19. A。【解析】IEEE 802.1A是局域网体系结构标准。IEEE 802规范定义了网卡如何访问传输介质(如光缆、双绞线、无线等)，以及如何在传输介质上传输数据的方法，还定义了传输信息的网络设备之间连接建立、维护和拆除的途径。遵循IEEE 802标准的产品包括网卡、桥接器、路由器以及其他一些用来建立局域网络的组件。

20. C。【解析】防火墙是一种用来加强网络之间访问控制、防止外部网络用户以非法手段通过外部网络进入内部网络、访问内部网络资源，保护内部网络操作环境的特殊网络互联设备。如果防火墙损坏或没有则会引起网络风暴。

21. C。【解析】对等计算(P2P)是一种网络架构，它允许硬件或软件在一个网络上作用而不需要中心服务器。对等计算方法也已经被一些网络软件应用例如Groove和Napster普及。

22. D。【解析】SMTP(Simple Mail Transfer Protocol，简单邮件传输协议)是一组用于由源地址到目的地址传送邮件的规则，由它来控制信件的中转方式。SMTP协议属于TCP/IP协议族，它帮助每台计算机在发送或中转信件时找到下一个目的地。通过SMTP协议所指定的服务器，就可以把E-mail寄到收信人的服务器上了，整个过程只要几分钟。SMTP服务器则是遵循SMTP协议的发送邮件服务器，用来发送或中转发出的电子邮件。

23. B。【解析】传输层为应用层实体提供端到端的通信功能。该层定义了两个主要的协议：传输控制协议(TCP)和用户数据报协议(UDP)。TCP提供的是一种可靠的、面向连接的数据传输服务；而UDP提供的是不可靠的、无连接的数据传输服务。

24. D。【解析】在文件I/O中，要从一个文件读取数据，应用程序首先要调用操作系统函数并传送文件名，并选一个到该文件的路径来打开文件。该函数取回一个顺序号，即文件句柄(File Handle)，该文件句柄对于打开的文件是唯一的识别依据。

25. C。【解析】硬件抽象层与硬件平台密切相关，而与操作系统却无关。如下图所示：

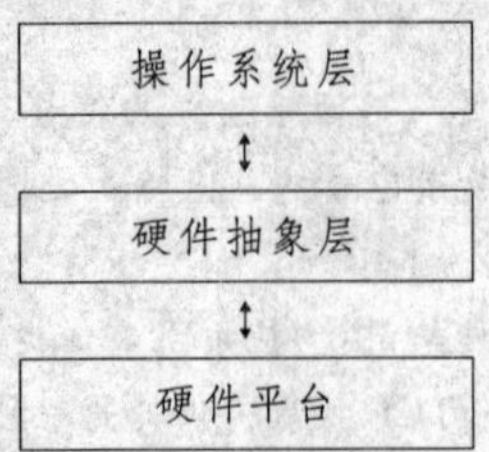

26. B。【解析】活动目录包括两个方面：目录和与目录相关的服务。目录是存储各种对象的一个物理上的容器，从静态的角度来理解这活动目录与我们以前所认识的"目录"和"文件夹"没有本质区别，仅仅是一个对象，是一个实体；而目录服务是使目录中所有信息和资源发挥作用的服务，活动目录是一个分布式的目录服务，信息可以分散在多台不同的计算机上，保证用户能够快速访问。

27. D。【解析】SCO 的 UNIX 是 XENIX。

28. C。【解析】当前最流行的图形用户界面是 KDE 和 GNOME，安装完 Linux 操作系统之后，系统自带的是 GNOME，KDE 需要另外下载压缩包。

29. D。【解析】IP 是英文 Internet Protocol（网络之间互联的协议）的缩写，中文简称为"网协"，也就是为计算机网络相互连接进行通信而设计的协议。在 Internet 中，它是能使连接到网上的所有计算机网络实现相互通信的一套规则，规定了计算机在 Internet 上进行通信时应当遵守的规则。

30. D。【解析】DDN（Digital Data Network，数字数据网），即平时所说的专线上网方式，就是适合这些业务发展的一种传输网络。它是将数万、数十万条以光缆为主体的数字电路，通过数字电路管理设备，构成一个传输速率高、质量好，网络延时小，全透明、高流量的数据传输基础网络，因此不适合家庭用户。

31. C。【解析】互联网由多个计算机网络互联而成，而不论采用何种协议与技术的网络。当报文丢弃较多时，网络之间不能接收信息，造成链接出错。

32. A。【解析】ICMP（Internet Control Message Protocol，网际控制信息协议）是最常见的网络报文，近年来被大量用于洪水阻塞攻击，最常见的 ICMP 报文被用做探路者——PING，它实际上是一个类型 8 的 ICMP 数据，协议规定远程机器收到这个数据后返回一个类型 0 的应答，报告“我在线”。由于 ICMP 报文自身可以携带数据，就注定了它可以成为入侵者的得力助手。ICMP 报文是由系统内核处理的，而且它不占用端口，因此它有很高的优先权。ICMP 就像系统内核的亲戚，可以不受任何门卫阻拦。

33. C。【解析】IPv6 对数据报头作了简化，以减少处理器开销并节省网络带宽。IPv6 的报头由一个基本报头和多个扩展报头（Extension Header）构成，基本报头具有固定的长度（40B），放置所有路由器都需要处理的信息。

34. B。【解析】无状态配置基于“路由器公告”消息的接收。这些消息包括无状态地址前缀，并要求主机不使用 DHCPv6 的支持。有状态配置是当主机收到不包括地址前缀的“路由器公告”消息，并要求主机使用 DHCPv6 时，将使用全状态地址配置。当本地链路上没有路由器存在时，主机也使用全状态地址配置协议 DHCPv6。

35. A。【解析】目的地址为 255.255.255.255 的数据报是广播报，在同一个局域网的主机路由器都能收到。

36. B。【解析】该路由器的路由表中没有能够达到 10.8.1.4 网络的下一级路由，因此数据报将被丢弃。

37. C。【解析】RIP 协议是基于距离矢量算法（Distance Vector Algorithms）的协议，它使用“跳数”，即 Metric 来衡量到达目标地址的路由距离。

38. B。【解析】TCP（Transmission Control Protocol 传输控制协议）是一种面向连接（连接导向）的、可靠的、基于字节流的运输层（Transport Layer）通信协议。

39. D。【解析】TCP 协议用于控制数据段是否需要重传的依据是设立重发定时器。在发送一个数据段的同时启动一个重发定时器，如果在定时器超时前收到确认就关闭该定时器，如果定时器超时前没有收到确认，则重传该数据段。这种重传策略的关键是对定时器初值的设定。目前采用较多的算法是 Jacobson 于 1988 年提出的一种不断调整超时时间间隔的动态算法。其工作原理是：对每条连接 TCP 都保持一个变量 RTT，用于存放当前到目的端往返所需要时间最接近的估计值。当发送一个数据段时，同时启动连接的定时器，如果在定时器超时前确认到达，则记录所需要的时间（M），并修正 RTT 的值，如果定时器超时前没有收到确认，则将 RTT 的值增加 1 倍。通过测量一系列的 RTT（往返时间）值，TCP 可以估算数据报重发前需要等待的时间。

40. D.【解析】在结构上,TCP和UDP协议都可以使用两种基本模式:重复模式和并发模式。所谓重复模式,就是服务器进程在总体结构上是一个重复,一次处理,一个请求。这样,有多个客户端请求时,请求放入队列,依次等待处理。这时,就产生一个问题,因为队列的长度是有限的,处理请求的时间过长会导致队列满而不能接受新的请求。例如,Ftp协议就不应该使用重复模式。重复模式使用单进程结构。采用并发模式的服务端进程一般可以同时处理多个请求,结构上一般采用父进程接受请求,然后调用fork产生子进程,由子进程处理请求,这样一般是多进程结构。并发模式的优点是可以同时处理多个请求,客户端等待时间短。

41. B.【解析】MX记录也叫做邮件路由记录,用户可以将该域名下的邮件服务器指到自己的Mail Server上,然后即可自行操控所有的邮箱设置。用户只需在线填写用户服务器的IP地址,即可将用户域名下的邮件全部转到用户自己设定的相应邮件服务器上。

42. A.【解析】binary模式不对数据进行任何处理,ASCII模式将回车换行转换为本机的回车字符,比如:UNIX下是\n,Windows下是\r\n,MAC下是\r。

43. B.【解析】传输协议采用HTTP,是互联网上应用最为广泛的一种网络协议。所有的WWW文件都必须遵守这个标准。而HTML是超文本标记语言,是目前网络上应用最为广泛的语言,也是构成网页文档的主要语言。

44. C.【解析】安全套接字层(SSL)技术通过加密信息和提供鉴权,保护网络安全。一份SSL证书包括一个公钥和一个私钥。公钥用于加密信息,私钥用于解译加密的信息。浏览器指向一个安全域时,服务器将会随机生成一个128位的会话密钥。它们可以启动一个保证消息的隐私性和完整性的安全会话。

45. C.【解析】网络管理的对象一般包括网络设备、应用程序、服务器系统、辅助设备、如UPS电源等。

46. D.【解析】通用管理信息协议(Common Management Information Protocol,CMIP)是与通用管理信息服务(Common Management Information Services,CMIS)同时使用的一种ISO协议,支持网络管理应用程序和管理代理之间的信息交换服务。

47. B.【解析】邮件炸弹之所以可怕,是因为它可以大量消耗网络资源,常常导致网络塞车,使大量的用户不能正常地工作。邮件炸弹所携带的大容量信息不断在网络上来回传输,很容易堵塞带宽并不富裕的传输信道;而且网络接入服务提供者需要不停地处理大量的电子邮件的来往交通,这样会加重服务器的工作强度,减缓了处理其他用户的电子邮件的速度,从而导致了整个过程的延迟。

48. C.【解析】AES的基本要求是采用对称分组密码体制,密钥长度的最少支持为128、192、256,分组长度128位,算法应易于各种硬件和软件实现。

49. B.【解析】公钥加密的密码系统按密钥的使用个数可分为:对称密码体制和非对称密码体制,常用的对称加密算法有DES、TDEA、RCS、IDEA。

50. B.【解析】具体加密传输过程如下:①发送方甲用接收方乙的公钥加密自己的私钥。②发送方甲用自己的私钥加密文件,然后将加密后的私钥和文件传输给接收方。③接收方乙用自己的私钥解密,得到甲的私钥。④接收方乙用甲的公钥解密,得到明文。

51. A.【解析】最新的S/Key口令协议在RFC2289文档中定义。假如Alice要向Victor进行身份鉴别,一次性口令协议如下:首先Alice向Victor出示自己的ID,请求认证。Victor发给Alice一个挑战。挑战(Challenge)由一个种子(Seed)值和一个迭代值(Iteration)组成。迭代值是一个计数器,每向Victor进行一次身份验证就减少一次。Alice根据挑战和自己口令生成一个通行证。

52. A.【解析】在说明PGP的数字签名前先要解释一下什么是"邮件文摘"(Message Digest)。邮件文摘就是对一封邮件用某种算法算出一个最能体现这封邮件特征的数来,一旦邮件有任何改变这个数都会变化,那么这个数加上作者的名字(实际上在作者的密匙里),还有日期等,就可以作为一个签名了。PGP是用一个128位的二进制数作为"邮件文摘"的,用来产生它的算法叫MD5(Message Digest 5)。

53. B.【解析】FTP木马可能是最简单和古老的木马了,它的唯一功能就是打开21端口,等待用户连接。现在新FTP木马还加上了密码功能,这样,只有攻击者本人才知道正确的密码,从而进入对方计算机。

54. D.【解析】组播路由协议可以分为两大类:密集模式协议有DVMRP、PIM-DM和MOSPF;稀疏模式协议有PIM-SM和与协议无关的共享树协议CBT。

55. D.【解析】Skype是P2P技术演进到混合模式后的典型应用,它结合了集中式和分布式的特点,在网络的边缘结点采用集中式的网络结构,而在超级结点之间采用分布式的网络结构,是混合模式的P2P,所以其拓扑结构为混合式。

56. C。【解析】唯一标识是表示消息来源的唯一识别码，当请求通话时，客户端之间交换的信息中一定包含唯一的标识码。

57. B。【解析】IPTV的基本技术形态可概括为视频数字化、传输IP化和播放流媒体化。

58. D。【解析】按逻辑功能区分，SIP系统由4种元素组成：用户代理、SIP代理服务器、重定向服务器以及SIP注册服务器。

59. C。【解析】数字版权管理主要采用的技术为数字水印、版权保护、数字签名和数据加密授权。

60. D。【解析】由IETF制定的SIMPLE(SIP for Instant Messaging and Presence Leveraging Extensions)协议族对SIP进行了扩展，以使其支持IM服务。

二、填空题

1. RISC。【解析】RISC(Reduced Instruction Set Computer，精简指令集计算机)是一种执行较少类型计算机指令的微处理器，起源于20世纪80年代的MIPS主机(即RISC机)。

2. 制作。【解析】Authorware被用于创建互动的程序，其中整合了声音、文本、图形、简单动画，以及数字电影。

3. 时序。【解析】一个网络协议至少包括三要素：①语法：用来规定信息格式规定数据及控制信息的格式、编码及信号电平等。②语义：用来说明通信双方应当怎么做，用于协调与差错处理的控制信息。③时序(定时)详细说明事件的先后顺序，以及速度匹配和排序等。

4. 接口。【解析】本题考察OSI的划分原则，同一结点内相邻层之间通过接口通信。

5. 60。【解析】6×10^7 bps＝6×10Mbps。

6. CSMA/CD。【解析】CSMA/CD(Carrier Sense Multiple Access/Collision Detect，载波监听多路访问/冲突检测)方法在以太网中，所有的结点共享传输介质。如何保证传输介质有序、高效地为许多结点提供传输服务，就是以太网的介质访问控制协议要解决的问题。

7. 光纤。【解析】万兆以太网采用光纤作为传输介质。

8. UDP。【解析】UDP支持无连接服务，TCP支持面向连接的服务。

9. 数据中心。【解析】Windows Server 2003d的4个版本：Web版、标准版、企业版和数据中心版。

10. GUI。【解析】Graphics User Interface就是图形用户界面。

11. 255.255.255.224。【解析】对于标准的C类IP地址来说，标准子网掩码为255.255.255.0，即用32位IP地址的前24位标识网络号，后8位标识主机号。因此，每个C类网络下共可容纳254台主机。现在，考虑借用3位的主机号来充当子网络号的情形。为了借用原来8位主机号中的前3位充当子网络号，采用了新的、非标准子网掩码255.255.255.224(224的由来：$224=(11100000)_2$)，采用了新的子网掩码后，借用的3位子网号可以用来标识6个子网，分别为：001、010、011、100、101、110子网(子网号不能全为0或1，因此000、111子网不能用)。

12. 长度。【解析】IP数据报选项由选项码、长度、选项数据三部分组成。

13. 状态。【解析】OSPF是链路状态路由协议，而RIP是距离矢量路由协议。OSPF的协议管理距离(AD)是110。

14. 网络虚拟终端。【解析】利用网络远程登录到其他计算机上，并且以虚拟终端方式遥控程序运行的做法就是Telnet。

15. 事务处理。【解析】POP3传输过程的三个阶段为认证阶段、事务处理阶段、更新阶段。

16. 监测。【解析】计费管理记录网络资源的使用，目的是控制和监测网络操作的费用和代价。

17. 传输。【解析】存储安全和传输安全是网络信息安全最重要的两方面。

18. 被动。【解析】攻击一般分为主动和被动两种方式。

19. 电路级。【解析】计算机网络防火墙技术是一种用来加强网络之间访问控制，防止外部网络用户以非法手段通过外部网络进入内部网络，访问内部网络资源，保护内部网络操作环境的特殊网络互联设备，主要类型有过滤路由器、应用级网关、电路级网关。

20. 稀疏。【解析】密集模式和稀疏模式是域内组播路由协议的两个模式。

第11套 笔试考试试题答案与解析

一、选择题

1. C。【解析】由于一个场景为58.3MB，总共有24个场景，因此全图所需要的数据量为58.3MB×24＝3148.2MB近似于3.15MB，因此C正确。

2. C。【解析】IBM是生产微型计算机的先驱。

3. C。【解析】服务器顾名思义是必须要提供某种服务的，E-MAIL作为一种服务，入门级服务器可以提供E-MAIL的服务。A、B、D都是正确的。

4. D。【解析】奔腾芯片是32位的，主要用于台式机和笔记本电脑，安腾芯片是64位的，主要用于服务器和工作站，从奔腾芯片到安腾芯片标志着Intel体系结构由IA-32到IA-64的推进。MIPS表示单字长定点指令的平均执行速度，而单字长浮点指令平均执行速度的单位是MFLOPS，因此只有D正确。

5. B。【解析】程序是由指令序列组成的，用于告诉计算机如何完成一个任务。在编程中，人们最先使用机器语言，因为它使用最贴近计算机硬件的二进制代码，所以为低级语言。符号化的机器语言，用助记符代替二进制代码，为汇编语言。因此B是错误的。

6. A。【解析】图像压缩允许采用有损压缩，熵编码即编码过程中按熵原理不丢失任何信息的编码，国际标准大多采用多种压缩方法。因此A是正确的。

7. C。【解析】不同结点的不同层是通过接口通信而不是通过协议通信的，高层不需要知道低层的实现方法，低层通过接口为高层提供服务。因此C是正确的。

8. D。【解析】注意本题目中的1B=8bit，因此网络传输速率为8×109bps=8Gbps。

9. B。【解析】本题考察考生对以太网帧结构的了解程度，在以太网帧结构中，前导码字段的长度是不计入帧头长度的。

10. C。【解析】在TCP/IP模型中，与OSI参考模型的网络层对应的是IP层，也就是互联层。

11. A。【解析】FTP是File Transfer Protocol(文件传输协议)的简称，其基本功能是文件传输。

12. B。【解析】IEEE 802.3u (100Base-T)是100Mbps以太网的标准。100Base-T技术中可采用三类传输介质，即100Base-T4、100Base-TX和100Base-FX，可以是屏蔽双绞线、非屏蔽双绞线、光纤。通常称为快速以太网。

13. D。【解析】802.11是IEEE最初制订的一个无线局域网标准，主要用于解决办公室局域网和校园网中，用户与用户终端的无线接入，业务主要限于数据存取，速率最高只能达到2Mbps。因此D正确。

14. C。【解析】在计算机网络中，按主机在网络中的地位可以分为：①对等网络每台计算机在网络中的地位相同，既可作为服务器(服务或资源提供者)，又可作为工作站(服务或资源的接受者)。②基于服务器的网络：网络中有固定的计算机作为服务器为网络提供服务，其他计算机则作为客户机在服务器的支持下，完成数据的处理和程序执行。因此C是错误的。

15. B。【解析】本题考察考生对以太网帧这个知识点的掌握程度。以太网帧数据字段的最大长度是1500B。

16. B。【解析】Napster是一款可以在网络中下载自己想要的MP3文件的软件.它同时能够让自己的机器也成为一台服务器，为其他用户提供下载。QQ、ICQ、Skype均为即信通信工具。

17. D。【解析】本题主要考察考生对传统以太网的了解程度。其传输介质可以是同轴电缆、双绞线、光纤，因此D是错误的。

18. A。【解析】1000BASE-T中的T表示双绞线，因此本题A正确。

19. C。【解析】本题考察交换机背板带宽的计算，12个百兆半双工的交换能力为12×0.1Gbps=1.2Gbps，两个千兆全双工的交换能力为2×1×2Gbps=4Gbps，因此背板带宽总和为(1.2+4)Gbps=5.2Gbps。

20. D。【解析】TCP/IP模型采用4层网络体系结构，传输层不仅采用TCP，而且也采用UDP传输，物理层是OSI参考模型的最底层，只有D是正确的。

21. B。【解析】在OSI模型中，只有网络层是提供路由选择功能的，其他的均不是。

22. D。【解析】计算机网络的协议主要由语义、语法和时序三部分组成，即协议三要素。语义规定通信双方彼此"讲什么"，即确定协议元素的类型，如规定通信双方要发出什么控制信息，执行的动作和返回的应答。语法规定通信双方彼此"如何讲"，即确定协议元素的格式，如数据和控制信息的格式。时序规定了信息交流的次序。因此本题的答案为D。

23. C。【解析】交换式局域网，作为一种能通过增加网段提高局域网容量的技术，已经迅速地确立了它自己的地位。这是因为局域网交换机能够以较低的成本在多个网段提供高质量的报文传输服务。这正如以前的路由器，作为连接局域网段的互联设备曾大量替代了互联网桥，而现在交换机趋向于替代局域网中的路由器。需要广播方式发送数据是共享式局域网的特点，因此本题答案是C。

24. A。【解析】一个进程至少包括一个线程，通常将该线程称为主线程。一个进程从主线程的执行开始进而创建一个或多个附加线程，就是所谓基于多线程的多任务。通常在一个进程中可以包含若干个线程，它们可以利用进程所拥有的资源。在引入线程的操作系统中，通常都是把进程作为分配资源的基本单位，而把线程作为独立运行和独立调度的基本单位。由于线程比进程更小，基本上不拥有系统资源，故对它的调度所付出的开销就会小得多，能更高效地提高系统内多个程序间并发执行的程度。因此本题A正确。

25.D。【解析】网络操作系统(NOS)，是使网络上各计算机能方便而有效地共享网络资源，为网络用户提供所需要的各种服务的软件和有关规程的集合。Web OS或者称为网络操作系统，是一种基于浏览器的虚拟的操作系统，用户通过浏览器可以在这个Web OS上进行应用程序的操作，而这个应用程序也不是普通的应用程序，是网络的应用程序。因此D是错误的。

26.B。【解析】Windows NT Server是一个网络操作系统，支持互联网，并且提供了活动目录，因此本题中B正确。

27.D。【解析】Linux操作系统的内核的名字也是“Linux”。Linux操作系统也是自由软件和开放源代码发展中最著名的例子。严格来讲，Linux这个词本身只表示Linux内核，但在实际上人们已经习惯了用Linux来形容整个基于Linux内核，并且使用GNU工程各种工具和数据库的操作系统。Linux得名于计算机业余爱好者Linus Torvalds。Linux也具有标准的兼容性。因此本题的答案是D。

28.B。【解析】UNIX操作系统，是美国AT&T公司于1971年在PDP－11上运行的操作系统。具有多用户、多任务的特点，支持多种处理器架构，最早由肯·汤普逊(Kenneth Lane Thompson)、丹尼斯·里奇(Dennis MacAlistair Ritchie)和Douglas McIlroy于1969年在AT&T的贝尔实验室开发。大部分是由C语言所编写，采用树形目录结构，因此本题的答案为B。

29.A。【解析】Internet是局域网的描述显然是错误的。

30.B。【解析】ADSL (Asymmetric Digital Subscriber Line，非对称数字用户环路)是一种新的数据传输方式。它因为上行和下行带宽不对称，因此称为非对称数字用户线环路。它采用频分复用技术把普通的电话线分成了电话、上行和下行三个相对独立的信道，从而避免了相互之间的干扰。即使边打电话边上网，也不会发生上网速率和通话质量下降的情况。通常ADSL在不影响正常电话通信的情况下可以提供最高3.5Mbps的上行速度和最高24Mbps的下行速度。B的描述是错误的，用户之间的电话线路是无法共享的。

31.C。【解析】由于集线器工作在物理层，因此无法运行IP协议。

32.D。【解析】互联网络层，负责提供基本的数据报传送功能，让每一块数据报都能够到达目的主机，它并不要求网络直接全互联。

33.B。【解析】将IP地址25.36.8.6和子网掩码255.255.0.0做与运算后得出25.36.0.0的网络号。

34.C。【解析】ARP，即地址解析协议，实现通过IP地址得知其物理地址。在TCP/IP网络环境下，每个主机都分配了一个32位的IP地址，这种互联网地址是在网际范围标识主机的一种逻辑地址。为了让报文在物理网路上传送，必须知道对方目的主机的物理地址。这样就存在把IP地址变换成物理地址的地址转换问题。以以太网环境为例，为了正确地向目的主机传送报文，必须把目的主机的32位IP地址转换成为48位以太网的地址。这就需要在互联层有一组服务将IP地址转换为相应物理地址，这组协议就是ARP。其中C是错误的。

35.C。【解析】它是由IP头部格式中的“总长度(16bit)”和“偏移(13bit)”两个字段所决定的。总长度定义了IP包的最大长度为$2^{16}=64$KB，偏移说明了IP分片时它最多能表示2^{13}个偏移单位，这样偏移单位就是$2^{16}/2^{13}=2^{3}$，即为8B了。如果偏移单位不是8B，而是4B，则13bit的“偏移”就不能表示出IP的最大长度了，而如果选16B，只需要12bit的“偏移”就能表示出IP的最大长度了，即偏移单位小于8B时，“偏移”不能够表示出IP的最大长，偏移单位大于8时，“偏移”不会被完全利用。以8B作为偏移单位正好合适。

36.D。【解析】根据题目中给的路由表，发现本次报文转发采用直接投递方式，因此直接投递至目的地址10.2.1.4。

37.C。【解析】ICMP(Internet Control Message Protocol，Internet控制报文协议)是TCP/IP协议族的一个子协议，用于在IP主机、路由器之间传递控制消息。控制消息是指网络通不通、主机是否可达、路由是否可用等网络本身的消息。这些控制消息虽然并不传输用户数据，但是对于用户数据的传递起着重要的作用。它并不是伴随着抛弃出错数据报而产生的。

38.B。【解析】TCP是采用滑动窗口机制来实现流量控制的，故C是错误的。

39.A。【解析】本题中描述的情形适合采用并发服务器方案。

40.D。【解析】A (Address) 记录是用来指定主机名(或域名)对应的IP地址记录。用户可以将该域名下的网站服务器指向到自己的Web Server上。同时也可以设置域名的子域名。通俗来说，A记录就是服务器的IP，域名绑定A记录就是告诉DNS，当用户输入域名的时候给用户引导向设置在DNS的A记录所对应的服务器。

41.A。【解析】Telnet协议是TCP/IP协议族中的一员，是Internet远程登录服务的标准协议和主要方式。它为用户提供了在本地计算机上完成远程主机工作的能力。在终端使用者的电脑上使用 Telnet 程序,用它连接到服务器。终端使用者可以在 Telnet 程序中输入命令,这些命令会在服务器上运行,就像直接在服务器的控制台上输入一样。可以在本地就能控制服务器。要开始一个 Telnet 会话,必须输入用户名和密码来登录服务器。Telnet 是常用的远程控制 Web 服务器的方法。

42. B。【解析】POP 即为 Post Office Protocol 的简称,是一种电子邮局传输协议,而 POP3 是它的第三个版本,规定了怎样将个人计算机连接到 Internet 的邮件服务器和下载电子邮件的电子协议。它是 Internet 电子邮件的第一个离线协议标准。简单点说,POP3 就是一个简单而实用的邮件信息传输协议。POP3 采用的端口是 TCP 110。

43. B。【解析】万维网(也称"网络"、"WWW"、"3W","Web"或"World Wide Web"),是一个资料空间。在这个空间中每个"资源"都有一个全域"统一资源标识符"(URL)标识。这些资源通过超文本传输协议(Hypertext Transfer Protocol)传送给使用者,而后者通过点击链接来获得资源。页面间的链接信息由超级链接维持。

44. D。【解析】公钥和私钥的产生并不是在网络中每台计算机上独立完成的,因为既然我们无法信任计算机本身,自然无法信任由他自己生成的公钥和私钥。所以,Internet 中存在许多专门负责密钥认证的权威机构,这些认证机构称为 CA。所有需要密钥对的计算机向 CA 申请数字证书,数字证书中包含认证信息和一对公钥/私钥,CA 负责验证申请者的真实身份,在确认无误之后颁发数字证书。每个数字证书都有自己的有效期限,过期需要重新申请。由于我们信任这些 CA(就像现实生活中我们信任公正机构一样),我们也就信任由 CA 颁发的数字证书及其包含的密钥对。因此通信之前必须要安装 CA 证书。

45. C。【解析】网络配置管理包括资源清单管理,可以根据要求收集系统状态信息并且可以更改系统的配置,而且要求能够长期工作。

46. C。【解析】简单网络管理协议(Simple Network Management Protocol,SNMP)首先是由 Internet 工程任务组织(Internet Engineering Task Force,IETF)的研究小组为了解决 Internet 上的路由器管理问题而提出的。许多人认为 SNMP 在 IP 上运行的原因是 Internet 运行的是 TCP/IP 协议,然而事实并不是这样。SNMP 被设计成与协议无关,所以它可以在 IP、IPX、AppleTalk、OSI 以及其他用到的传输协议上被使用。SNMP 结构简单,易于实现。

47. B。【解析】被动攻击主要是收集信息而不是进行访问,数据的合法用户对这种活动一点也不会觉察到。被动攻击包括嗅探、信息收集等攻击方法。

48. A。【解析】Blowfish 是一个 64 位分组及可变密钥长度的分组密码算法,可用来加密 64bit 长度的字符串。算法由密钥扩展和数据加密两部分组成。

49. D。【解析】公钥加密就是一种不对称加密。不对称加密算法使用一对完全不同但又是完全匹配的钥匙:公钥和私钥。在使用不对称加密算法加密文件时,只有使用匹配的一对公钥和私钥,才能完成对明文的加密和解密过程。加密明文时采用公钥加密,解密密文时使用私钥才能完成,而且发信方(加密者)知道收信方的公钥,只有收信方(解密者)才是唯一知道自己私钥的人。不对称加密算法的基本原理是,如果发信方想发送只有收信方才能解读的加密信息,发信方必须首先知道收信方的公钥,然后利用收信方的公钥来加密原文;收信方收到加密密文后,使用自己的私钥才能解密密文。显然,采用不对称加密算法,收发信双方在通信之前,收信方必须将自己早已随机生成的公钥送给发信方,而自己保留私钥。由于不对称算法拥有两个密钥,因而特别适用于分布式系统中的数据加密。广泛应用的不对称加密算法有 RSA 算法和美国国家标准局提出的 DSA。以不对称加密算法为基础的加密技术应用非常广泛。

50. C。【解析】X. 509 是被广泛使用的数字证书标准,是由国际电联电信委员会(ITU-T)为单点登录(Single Sing On,SSO)和授权管理基础设施(Privilege Management Infrastructure,PMI)制定的 PKI 标准。X. 509 定义了(但不仅限于)公钥证书、证书吊销清单、属性证书和证书路径验证算法等证书标准。版本号:这个域确定 X. 509 的证书的版本。版本号从 0 开始,当前版本(第三版)是 2。序列号 :这个域确定分配给每个证书的号。这个值对每个证书的发行者来说是唯一的。有效期:这个域确定证书有效的最早时间(不是以前)和最晚时间(不是以后)。签名:这个域是由三个部分组成的。第一部分包含证书中所有其他的域。第二部分包含用 CA 公钥加密过的第一部分的摘要。第三部分用来创建第二部分的算法标识符。

51. C。【解析】MIME(Multipurpose Internet Mail Extensions,多功能 Internet 邮件扩充服务)是一种多用途网际邮件扩充协议,因此本题的答案为 C。

52. D。【解析】PGP(Pretty Good Privacy)是一个基于 RSA 公匙加密体系的邮件加密软件。可以用它对邮件保密以防止非授权者阅读,它还能对邮件加上数字签名从而使收信人可以确认邮件的发送者,并能确信邮件没有被篡改。它可以提供一种安全的通信方式,而事先并不需要任何保密的渠道用来传递密匙。它采用了一种 RSA 和传统加密的杂合算法,用于数字签名的邮件文摘算法、加密前压缩等，还有一个良好的人机工程设计。它的功能强大，有很快的速度，而且它的源代码是免费的。PGP数字签名采用RSA算法，压缩算法采用PKZIP，报文加密采用3DES算法。

53. C。**【解析】**Internet协议安全性(IPSec)是一种开放标准的框架结构，通过使用加密的安全服务以确保在Internet协议(IP)网络上进行保密而安全的通信。AH报头插在IP报头之后，TCP、UDP、ICMP等上层协议报头之前。一般AH为整个数据报提供完整性检查，ESP(Encapsulating Security Payload)为IP数据报提供完整性检查、认证和加密，可以看做是“超级AH”。因此本题的答案为C。

54. C。**【解析】**组播的成员一般不是静态的，而是通过某种方式注册的，一般注册后变化较少。

55. A。**【解析】**组播路由建立了一个从数据源端到多个接收端的无环数据传输路径。组播路由协议的任务就是构建分发树结构。组播路由器能采用多种方法来建立数据传输的路径，即分发树。组播路由也分为域内和域间两大类。域内组播路由目前已经相当成熟，在众多的域内路由协议中，PIM-DM(协议独立组播-密集模式)和PIM-SM(协议独立组播-稀疏模式)是目前应用最多的协议。域间路由的首要问题是路由信息(或者说可达信息)如何在自治系统之间传递，由于不同的AS可能属于不同的运营商，因此除了距离信息外，域间路由信息必须包含运营商的策略，这是与域内路由信息的不同之处。

56. B。**【解析】**服务器承担所有的检索工作，负载过重，不完全符合P2P的原则，服务器上的索引不能及时更新，检索结果不精确。采用flooding方式传播搜索请求，造成网络额外开销比较大，随着P2P网络规模的扩大，网络开销呈指数级增长。TTL =4，5，6，7，8时，cache(20)，msglen(100B)，(每条请求)16MB，320MB，6.4GB，128GB，2.56TB(每秒请求数随网络规模的扩大，是很可观的)搜索请求遍历整个P2P网络需要经过很多跳，完整的获得搜索结果延迟比较大。

57. B。**【解析】**视频聊天数据一般以UDP方式传输。即时通信系统一般具有文件传输功能。消息的发送和接收并不需要一定通过服务器中转。不同的即时通信系统一般不兼容。

58. D。**【解析】**SIP的4个主要组件：SIP用户代理、SIP注册服务器、SIP代理服务器和SIP重定向服务器。这些系统通过传输包括了SDP(用于定义消息的内容和特点)的消息来完成SIP会话。

59. D。**【解析】**IP电话的三大组件是终端设备、网守、网关。

60. B。**【解析】**本题考查XMPP协议的特点，XMPP的特点为：客户机/服务器通信模式、分布式网络结构、简单的客户端和XML的数据格式。所以答案选择B。

二、填空题

1. AMD。**【解析】**生产CPU的两大巨头分别是Intel和AMD。

2. 视频。**【解析】**流媒体包括音频和视频信息。

3. 误码率。**【解析】**考察误码率的概念。

4. 介质。**【解析】**考察MAC层的作用。

5. 网状型。**【解析】**广域网对安全性的要求较高，因此采用网状型。

6. WLAN。**【解析】**略。

7. 数据链路。**【解析】**考察网桥的功能。

8. 重发。**【解析】**考察CSMA/CD的工作过程。

9. 域。**【解析】**考察Windows 2000 Server的知识点。

10. 文件系统。**【解析】**考察Linux系统的概念。

11. 202.94.121.255。**【解析】**考察直接广播地址的概念。

12. 跳数。**【解析】**RIP中采用HOP(跳数)来作为距离。

13. 单播。**【解析】**考察IP地址的分类。

14. 文本。**【解析】**考察FTP的传输方式。

15. 在文档中嵌入图像。**【解析】**考察HTML语句的含义。

16. 费用和代价。**【解析】**考察网络计费管理的目的。

17. 服务质量。**【解析】**考察网络性能管理的目的。

18. 服务。**【解析】**考察对X.800的了解。

19. 检测码。**【解析】**考察对信息完整性的掌握程度。

20. 快速离开。**【解析】**考察对IGMP的掌握程度。

第5章 上机考试试题答案与解析

第1套 上机考试试题答案与解析

```
int i,j;
PRO xy;
for(i=0;i<99;i++)
for(j=i+1;j<100;j++)
if(strcmp(sell[i].mc,sell[j].mc)>0  //如果产品i的产品名称大于产品j的产品名称
||strcmp(sell[i].mc,sell[j].mc)==0  //如果产品i的产品名称等于产品j的产品名称
&&sell[i].je>sell[j].je)  //如果产品i的金额大于产品j的金额
{
 xy=sell[i];sell[i]=sell[j];sell[j]=xy;
}
//产品i和产品j交换
```

【解析】本题主要考查数组的排序操作。算法思路①i结点与后面的所有j结点比较，若符合条件则交换i,j结点位置。②然后后移i结点，执行步骤①直到i结点是倒数第二个结点为止。

第2套 上机考试试题答案与解析

```
for(i=0;i<MAX;i++)
{
 fscanf(fp,"%d,",&xx[i]);  //读取文件中的数据存入变量xx[i]中
 if((i+1)%10==0)  //每行存10个数
 fscanf(fp,"\n");
}
//读取行后的换行符
```

【解析】本题考查文件的操作、奇偶判断和数学公式的计算。函数ReadDat的作用是将从文件中读取数据存入数组xx中，因为数据存放入文件的格式是每个数据被逗号隔开，所以fscanf(fp,"%d,",&xx[i])语句中字符串"%d,"中要加入逗号。函数Compute的作用是计算方差，思路是首先顺序读取数组xx中的结点，若是偶数累加存入ave2，个数存入even，若不是偶数(即为奇数)累加结果存入ave1，个数存入odd。然后计算奇数和偶数的平均数，利用循环结构依次读取存放偶数的数组yy，计算方差totfc。

第3套 上机考试试题答案与解析

```
int i,j;
PRO xy;
for(i=0;i<99;i++)
for(j=i+1;j<100;j++)
if(sell[i].je<sell[j].je //如果产品i的产品金额小于产品j的产品金额
||sell[i].je==sell[j].je //如果产品i的产品金额等于产品j的产品金额
&&strcmp(sell[i].dm,sell[j].dm)<0) //如果产品i的代码小于产品j的代码
```

```
{xy=sell[i];sell[i]=sell[j];sell[j]=xy;} //产品i和产品j交换
```

【解析】本题主要考查数组的排序操作。算法思路:①i结点与后面的所有j结点比较,若符合条件则交换i、j结点位置。②然后后移i结点,执行步骤①直到i结点是倒数第2个结点为止。

第4套　上机考试试题答案与解析

```
int i,j;
PRO xy;
for(i=0;i<99;i++)
for(j=i+1;j<100;j++)
if(strcmp(sell[i].mc,sell[j].mc)<0 //如果产品i的产品名称小于产品j的产品名称
||strcmp(sell[i].mc,sell[j].mc)==0 //如果产品i的产品名称等于产品j的产品名称
&&sell[i].je>sell[j].je) //如果产品i的金额大于产品j的金额
{xy=sell[i];sell[i]=sell[j];sell[j]=xy;} //产品i和产品j交换
```

【解析】本题主要考查数组的排序操作。算法思路:①i结点与后面的所有j结点比较,若符合条件则交换i、j结点位置。②然后后移i结点,执行步骤①直到i结点是倒数第2个结点为止。

第5套　上机考试试题答案与解析

```
int i,yy[MAX];
for(i=0;i<MAX;i++)
yy[i]=0;
for(i=0;i<MAX;i++)
if(xx[i]%2)  //测试结点i是否是奇数
{ yy[odd++]=xx[i];  //将结点i存入数组yy中
ave1+=xx[i];}  //将结点i累加存入ave1中
else  //如果结点i不是奇数
{ even++;  //累加变量even记录偶数数的个数
ave2+=xx[i];}  //将xx[i]累加存入ave2中
if(odd==0) ave1=0;
else ave1/=odd;  //计算奇数数的平均数
if(even==0) ave2=0;
else ave2/=even;  //计算偶数数的平均数
for(i=0;i<odd;i++)
totfc+=(yy[i]-ave1)*(yy[i]-ave1)/odd;
```

【解析】本题考查文件的操作、奇偶判断和数学公式的计算。函数ReadDat()的作用是将文件中读取数据存入数组xx中,因为数据存放入文件的格式是每个数据被逗号隔开,所以fscanf(fp,"%d,",&&xx[1])语句中字符串"%d,"中要加入逗号。函数Compute的作用是计算方差思路是首先顺序读取数组xx中的结点,若是奇数(xx[i]%2,xx[i]为奇数余数为1条件表达式为真)累加存入ave1,个数存入odd,若不是奇数(即为偶数)累加结构存入ave2,个数存入even。然后计算奇数和偶数的平均数,利用循环结构依次读取存放奇数的数组xx,计算方差totfc。

第6套　上机考试试题答案与解析

```
int i,j;
PRO xy;
for(i=0;i<99;i++)
```

```
for(j=i+1;j<100;j++)
if(strcmp(sell[i].mc,sell[j].mc)<0 //如果产品i的产品名称大于产品j的产品名称
||strcmp(sell[i].mc,sell[j].mc)==0 //如果产品i的产品名称等于产品j的产品名称
&&sell[i].je<sell[j].je) //如果产品i的金额小于产品j的金额
{xy=sell[i];sell[i]=sell[j];sell[j]=xy;} //产品i和产品j交换
```

【解析】本题主要考查数组的排序操作。算法思路:①i结点与后面的所有j结点比较,若符合条件则交换i,j结点位置。②然后后移结点,执行步骤①直到结点i是倒数第2个结点为止。

第7套 上机考试试题答案与解析

```
int i;
for(i=0;i<MAX;i++)
{
    if(xx[i]%2) //测试结点i是否是奇数
    odd++; //累加变量odd记录奇数数的个数
    else //如果结点i不是奇数
    even++; //累加变量even记录偶数数的个数
    aver+=xx[i]; //将xx[i]累加存入aver中
}
aver/=MAX; //计算平均数
for(i=0;i<MAX;i++)
totfc+=(xx[i]-aver)*(xx[i]-aver);
totfc/=MAX;
```

【解析】本题考查文件的操作、奇偶判断和数学公式的计算。函数ReadDat的作用是将从文件中读取的数据存入数组xx中，因为数据存放入文件的格式是每个数据被逗号隔开,所以fscanf(fp,"%d,",&xx[i])语句中字符串"%d,"中要加入逗号。函数Compute的作用是计算方差,思路是首先顺序读取数组xx中的结点,若是奇数(xx[i]%2,xx[i]为奇数余数为1条件表达式为真)累加存入ave1,个数存入odd,若不是奇数(即为偶数)累加结果存入ave2,个数存入even。然后计算奇数和偶数的平均数,利用循环结构依次读取数组xx,计算方差totfc。

第8套 上机考试试题答案与解析

```
void sortData()
{
    PRODUCT temp;
    int i,j;
    memset(&temp, 0, sizeof(temp));
    for(i=0;i<MAX-1;i++) //下面是按条件对数据进行排序的程序
    for(j=i+1;j<MAX;j++)
    if(strcmp(sell[i].name,sell[j].name)>0||(strcmp(sell[i].name,sell[j].name)==0&&sell[i].value>sell[j].
    value))
    {
        //将以&sell[i]为起始地址大小为sizeof(temp)的内存中的内容
        //复制到以&temp为起始地址的内存中
        memcpy(&temp,&sell[i],sizeof(temp));
        memcpy(&sell[i],&sell[j],sizeof(temp));
        memcpy(&sell[j],&temp,sizeof(temp));
```

```
    }
}
```

【解析】本题主要考查结构数组排序的问题。所谓结构数组排序就是以结构某一元素为依据，对结构数组进行排序。排序的思想是(以从小到大为例)：将当前数据与其后的各个数据相比较，如果当前的数据比其后的数据大，则将两数据进行交换，从而使得前面的数据小于后面的数据，达到从小到大排序的目的。由于结构不像变量那样可以通过简单的赋值来交换变量(如果要赋值的话需要对结构里的所有元素进行赋值替换，比较麻烦)，所以在进行两个相邻结构交换时，要用到内存拷贝函数来对内存的内容整体进行操作。

第9套　上机考试试题答案与解析

```
int i,j;
PRO xy;
for(i=0;i<99;i++)
for(j=i+1;j<100;j++)
if(sell[i].je>sell[j].je//如果产品i的金额大于产品j的金额
||sell[i].je==sell[j].je//如果产品i的金额等于产品j的金额
&&strcmp(sell[i].dm,sell[j].dm)<0) //如果产品i的产品代码小于产品j的产品代码
{xy=sell[i]; sell[i]=sell[j]; sell[j]=xy;} //产品i和产品j交换
```

【解析】本题主要考查数组的排序操作。算法思路：①结点与后面的所有j结点比较，若符合条件则交换i、j结点位置。②然后后移i结点，执行步骤①直到i结点是倒数第2个结点为止。

第10套　上机考试试题答案与解析

```
int i,j;
PRO xy;
for(i=0;i<99;i++)
for(j=i+1;j<100;j++)
if(sell[i].je>sell[j].je //如果产品i的金额大于产品j的金额
||sell[i].je==sell[j].je //如果产品i的金额等于产品j的金额
&&strcmp(sell[i].dm,sell[j].dm)>0) //如果产品i的产品代码大于产品j的产品代码
{xy=sell[i];sell [i]=sell[j];sell[j]=xy;} //产品i和产品j交换
```

【解析】本题主要考查数组的排序操作。算法思路：①结点与后面的所有j结点比较，若符合条件则交换i、j结点位置。②然后后移i结点，执行步骤①直到i结点是倒数第2个结点为止。

第11套　上机考试试题答案与解析

```
void replaceChar()
{
    int i,j,len;
    char y;
    for(i=0;i<totleLine;i++)
    {
        len=strlen(inBuf[i]);
        for(j=0;j<len;j++)
        {
            y=inBuf[i][j]*11%256;  //按照指定的规则求出y
```

```
            if(y<=32||y>130) continue;
            else inBuf[i][j]=y;   //按照件来转换
        }
    }
}
```

【解析】本题主要考查字符与其对应的 ASCII 码之间的转换及对 ASCII 码进行操作。

先计算出每行字符串的长度，再根据替换规则进行相应的替换。

第 12 套 上机考试试题答案与解析

```
int i, j, s1, w;
s1 = s;
for (i=1; i<=n; i++)
p[i-1] = i;
for (i=n; i>=2; i--)
{
    s1 = (s1+m-1)%i;
    if (s1 == 0)
    s1 = i;
    w = p[s1-1];
    for (j=s1; j<=i-1; j++)
    p[j-1] = p[j];
    p[i-1] = w;
}
```

【解析】本题考查的主要是字符与其对应的 ASCII 码之间的转换及对 ASCII 码进行操作。首先计算出每行字符串的长度，再根据替换规则进行相应的替换。

第 13 套 上机考试试题答案与解析

```
void replaceChar()
{
    int i,j,str;
    char y;
    for(i=0;i<totleLine;i++)
    {
        str=strlen(inBuf[i]);
        for(j=0;j<str;j++)
        {
            y=inBuf[i][j]*11%256;  //按照指定的规则求出 y
            if(y<=32||(y>='0'&&y<='9')) continue;  //在指定的条件下，不进行转换
            else inBuf[i][j]=y;  //在其他情况下进行转换
        }
    }
}
```

【解析】本题主要考查字符与其对应的 ASCII 码之间的转换及对 ASCII 码进行操作。

先计算出每行字符串的长度，再根据替换规则进行相应的替换。

第14套 上机考试试题答案与解析

```
void replaceChar()
{
 int i,j,str;
 char y;
 for(i=0;i<totleLine;i++)
 /*以行为单位获取字符*/
 {
  str=strlen(inBuf[i]);
  /*求当前行字符串的长度*/
  for(j=0;j<str;j++)  /*依次取每行的各字符*/
  {
   y=inBuf[i][j]*11%256;
   /*按照指定的规则求出y*/
   if(y<=32||(y>='a'&&y<='z'))continue;
   /*若符合条件,不进行转换*/
   else
   inBuf[i][j]=y;  /*否则进行转换*/
  }
 }
}
```

【解析】本题考查的主要是字符与其对应的ASCII码之间的转换及对ASCII码进行操作。首先计算出每行字符串的长度,再根据替换规则进行相应的替换。

第15套 上机考试试题答案与解析

```
void replaceChar()
{
    int i,j,str;
    char y;
    for(i=0;i<totleLine;i++)
    {
        str=strlen(inBuf[i]);
        for(j=0;j<str;j++)
        {
            y=inBuf[i][j]*11%256;  //按照指定的规则求出y
            if(y<=32||( inBuf[i][j]>='A'&& inBuf[i][j]<='Z')) continue;  //在指定的条件下,不进行转换
            else inBuf[i][j]=y;  //在其他情况下进行转换
        }
    }
}
```

【解析】本题主要考查字符与其对应的ASCII码之间的转换及对ASCII码进行操作。
先计算出每行字符串的长度,再根据替换规则进行相应的替换。

第16套 上机考试试题答案与解析

```
void replaceChar()
{
    int i,j,str;
    char y;
    for(i=0;i<totleLine;i++)
    {
        str=strlen(inBuf[i]);
        for(j=0;j<str;j++)
        {
            y=inBuf[i][j]*11%256;  //按照指定的规则求出y
            if(y<=32||y%2==0) continue;  //在指定的条件下,不进行转换
            else inBuf[i][j]=y;  //在其他情况下进行转换
        }
    }
}
```

【解析】本题主要考查字符与其对应的ASCII码之间的转换及对ASCII码进行操作。

先计算出每行字符串的长度,再根据替换规则进行相应的替换。

第17套 上机考试试题答案与解析

```
void replaceChar()
{
    int i,j,str;
    char y;
    for(i=0;i<totleLine;i++)
    {
        str=strlen(inBuf[i]);
        for(j=0;j<str;j++)
        {
            y=inBuf[i][j]*11%256;  //按照指定的规则求出y
            if(y<=32||(y>='A'&&y<='Z')) continue;  //在指定的条件下,不进行转换
            else inBuf[i][j]=y;  //在其他情况下进行转换
        }
    }
}
```

【解析】本题主要考查字符与其对应的ASCII码之间的转换及对ASCII码进行操作。

先计算出每行字符串的长度,再根据替换规则进行相应的替换。

第18套 上机考试试题答案与解析

```
void replaceChar()
{
 int i,j,str;
```

```
char y;
for(i=0;i<totleLine;i++)
/*以行为单位获取字符*/
{
 str=strlen(inBuf[i]);
 /*求当前行字符串的长度*/
 for(j=0;j<str;j++)
 /*依次取每行的各字符*/
 {
  y=inBuf[i][j]*11%256;
  /*按照指定的规则求出y*/
  if(y<=32 || (inBuf[i][j]>='a'&& inBuf[i][j]<='z'))continue;
  /*若符合条件,不进行转换*/
  else
  inBuf[i][j]=y;
  /*否则进行转换*/
 }
}
}
```

【解析】本题考查的主要是字符与其对应的ASCII码之间的转换及对ASCII码进行操作。首先计算出每行字符串的长度,再根据替换规则进行相应的替换。

第19套 上机考试试题答案与解析

```
void replaceChar()
{
   int i,j,str;
   char y;
   for(i=0;i<totleLine;i++)
   {
      str=strlen(inBuf[i]);
      for(j=0;j<str;j++)
      {
         y=inBuf[i][j]*11%256;  //按照指定的规则求出y
         if(y<=32||(inBuf[i][j]>='0'&&inBuf[i][j]<='9')) continue;
                                         //在指定的条件下,不进行转换
         else inBuf[i][j]=y;  //在其他情况下进行转换
      }
   }
}
```

【解析】本题主要考查字符与其对应的ASCII码之间的转换及对ASCII码进行操作。
先计算出每行字符串的长度,再根据替换规则进行相应的替换。

第20套 上机考试试题答案与解析

```
void replaceChar()
```

```
{
 int i,j,str;
 char y;
 for(i=0;i<totleLine;i++)  /*以行为单位获取字符*/
 {
  str=strlen(inBuf[i]);
  /*求当前行字符串的长度*/
  for(j=0;j<str;j++)
  /*依次取每行各字符*/
  {
   y=inBuf[i][j]*11%256;
   /*按照指定的规则求出y*/
   if(y<=32||y%2!=0)continue;
   /*若符合条件,不进行转换*/
   else
   inBuf[i][j]=y;
   /*否则进行转换*/
  }
 }
}
```

【解析】本题考查的主要是字符与其对应的ASCII码之间的转换及对ASCII码进行操作。首先计算出每行字符串的长度,再根据替换规则进行相应的替换。

第21套 上机考试试题答案与解析

```
void replaceChar()
{
    int i,j;
    for(i=0;i<totleLine;i++)
    for(j=0;j<COL;j++)
    if(inBuf[i][j]>='a'&&inBuf[i][j]<='z')  //如果字符在'a'~'z'之间
    {
        if(inBuf[i][j]=='z') inBuf[i][j]='a';  //如果是字符'z'则用'a'来代替
        else inBuf[i][j]=(char)((int)inBuf[i][j]+1);  //其他情况则用其后面的字符代替
    }
}
```

【解析】本题主要考查字符与其对应的ASCII码之间的转换及对ASCII码进行操作。

程序步骤:①依据条件选择inBuf[i][j],将其进行类型强制转换,转换成整型(即所对应的ASCII码值)。②将ASCII码值加1或减1以将该字符的ASCII码值换成其下一位的ASCII码值,将计算所得结果再转换成字符型存储到inBuf[i][j]中。

第22套 上机考试试题答案与解析

```
int i,j;
for(i=0;i<totleLine;i++)
for(j=0;j<COL;j++)
```

```
if(inBuf[i][j]>='a'&&inBuf[i][j]<='z') //如果字符在'a'~'z'之间
{
 if(inBuf[i][j]=='a') inBuf[i][j]='z'; //如果是字符'a'则用'z'来代替
 else inBuf[i][j]=(char)((int)inBuf[i][j]-1); //其他情况则用其前面的字符代替
}
```

【解析】本题考查的主要是字符与其对应的ASCII码之间的转换及对ASCII码进行操作。基本思路是:①根据条件选择inBuf[i][j],对其进行类型强制转换,转换成整型(即所对应的ASCII码值)。②将ASCII码值减1,将该字符的ASCII码值换成其下一个字符的ASCII码值。③最后将计算所得结果再转换成字符型存储到inBuf[i][j]中。

第23套 上机考试试题答案与解析

```
void replaceChar()
{
    int i,j;
    for(i=0;i<totleLine;i++)
    for(j=0;j<COL;j++)
    if(inBuf[i][j]>='A'&&inBuf[i][j]<='Z')  //如果字符在'A'~'Z'之间
    {
        if(inBuf[i][j]=='Z') inBuf[i][j]='A';  //如果是字符'Z',则用'A'来代替
        else inBuf[i][j]=(char)((int)inBuf[i][j]+1);  //其他情况则用其后面的字符代替
    }
}
```

【解析】本题主要考查字符与其对应的ASCII码之间的转换及对ASCII码进行操作。

程序步骤:①依据条件选择inBuf[i][j],将其进行类型强制转换,转换成整型(即所对应的ASCII码值)。②将ASCII码值加1或减1以将该字符的ASCII码值换成其下一位的ASCII码值,将计算所得结果再转换成字符型存储到inBuf[i][j]中。

第24套 上机考试试题答案与解析

```
void replaceChar()
{
    int i,j,y;
    for(i=0;i<totleLine;i++)
    for(j=0;j<COL;j++)
    {
        y=(int)inBuf[i][j]/16+(int)inBuf[i][j];  //将ASCII码右移4位,再加上自身的值
        inBuf[i][j]=(char)y;  //将整型转换成字符型存入inBuf中
    }
}
```

【解析】本题主要考查字符与其对应的ASCII码之间的转换及对ASCII码进行操作。

程序步骤:①依据条件选择inBuf[i][j],将其进行类型强制转换,转换成整型(即所对应的ASCII码值)。②将ASCII码值按要求进行计算,并将符合条件的结果再转换成字符型存储到inBuf[i][j]中。

第25套 上机考试试题答案与解析

```
void replaceChar()
```

```
{
    int i,j,len,y;
    for(i=0;i<totleLine;i++)
    {
        len=strlen(inBuf[i]);
        for(j=0;j<len;j++)
        {
            y=inBuf[i][j]<<4;  //求出相应的ASCII码值
            if(y<=32||y>100) continue;  //如果在指定的区间内,不进行转换
            else  //否则按指定规则进行转换
            inBuf[i][j]+=(char)y;
        }
    }
}
```

【解析】本题主要考查字符与其对应的ASCII码之间的转换及对ASCII码进行操作。

程序步骤:①依据条件选择inBuf[i][j],将其进行类型强制转换,转换成整型(即所对应的ASCII码值)。②将ASCII码值按要求进行计算,并将符合条件的结果再转换成字符型存储到inBuf[i][j]中。

第26套 上机考试试题答案与解析

```
void replaceChar()
{
    int i,j,len,last;
    char y;
    for(i=0;i<totleLine;i++)
    {
        len=strlen(inBuf[i]);
        last=inBuf[i][len-1];
        for(j=len-1;j>0;j--)
        inBuf[i][j]=(inBuf[i][j]>>4)+inBuf[i][j-1];          //其他情况下,则将该字符的ASCII码
                                                              右移4位再加上前一个字符的ASCII码
        inBuf[i][0] +=last;  //将整型转换成字符型存入inBuf中
    }
}
```

【解析】本题主要考查字符与其对应的ASCII码之间的转换及对ASCII码进行操作。

程序步骤:①计算出每行字符串的长度。②将字符串中最后一个保存在变量last中。③按照指定的规则对字符串中除第一个以外的字符进行替代。④对第一个字符按照指定规则进行替代。

第27套 上机考试试题答案与解析

```
void replaceChar()
{
    int i,j,k;  //定义循环控制变量
    int len;  //存储字符串的长度
    char first,temp;  //定义字符暂存变量
    for(i=0;i<totleLine;i++)  //以行为单位获取字符
```

```
    {
        len=strlen(inBuf[i]);  //求得当前行的字符串长度
        first=inBuf[i][0];  //将第一个字符暂存入first
        for(j=0;j<len-1;j++)
        inBuf[i][j]+=inBuf[i][j+1];  //将该字符的ASCII值与下一个字符的ASCII值相加,得到新的字符
        inBuf[i][len-1]+=first; //将最后一个字符的ASCII值与第一个字符的ASCII值相加,得到最后一个新的
                                字符
        for(j=0,k=len-1;j<len/2;j++,k--) /*将字符串逆转后仍按行重新存入字符串数组inBuf中*/
        {
            temp=inBuf[i][j];
            inBuf[i][j]=inBuf[i][k];
            inBuf[i][k]=temp;
        }
    }
}
```

【解析】本题主要考查字符与其对应的ASCII码之间的转换及对ASCII码进行操作。

程序步骤:①计算出每行字符串的长度。②将字符串中第一个保存在变量last中。③按照指定的规则对字符串中除最后一个以外的字符进行替代。④对最后一个字符按照指定规则进行替代。

第28套 上机考试试题答案与解析

```
void findData()
{
    int i,j,temp,flag;  //选出偶数的项并且该数连续小于该数以前的5个数
    count=0;
    for(i=0;i<MAX-5;i++)
    if(inBuf[i]%2==0)  //判断奇偶
    {
        flag=0;
        for(j=1;j<=5;j++)
        //如果当前数据比后5个数中的一个要大,则将标志置1,以示不满足要求
        if(inBuf[i]>inBuf[i+j])  flag=1;
        if(flag==0)
        {
            outBuf[count]=inBuf[i];  //将满足要求的数据存入outBuf中
            count++;  //将计数器加1
        }
    }
    for(i=0;i<count-1;i++)  //以下是将数据进行从小到大排序的程序
    for(j=i+1;j<count;j++)
    if(outBuf[i]>outBuf[j])  //如果第i位比它后面的数大,则将两者进行交换,即将更小的值放到第i位
    {
      temp=outBuf[i];
      outBuf[i]=outBuf[j];
      outBuf[j]=temp;
```

```
    }
}
```

【解析】本题主要考查数据的奇偶判断、数组中数据的比较及排序。

程序步骤:①查找符合要求的项:利用条件 inBuf[i]%2! =0 找出数值是奇数的项。用该项与其后面的连续5项相比较,如果有一项不符合要求(大于或小于后面的项),则可将该项排除,程序中的 flag 变量即是为此目的而设的。这样一来便可找出所有符合要求的项。②排序的思想是(以从小到大为例):将当前数与其后的各个数相比较,如果当前的数比其后的数大,则将两数进行交换,从而使得前面的数小于后面的数,达到从小到大排序的目的。

第29套 上机考试试题答案与解析

```
void findData()
{
    int i,j,temp,flag;
    count=0;
    for(i=0;i<MAX-5;i++)
    if(inBuf[i]%2==0)  //判断奇偶
    {
        flag=0;
        for(j=i-5;j<=i-1;j++)
        if(inBuf[i]<inBuf[j])  flag=1;  //如果当前数据比后5个数中的一个要小,则将标志置1,以示不满足要求
        if(flag==0)
        {
            outBuf[count]=inBuf[i];  //将满足要求的数据存入 outBuf 中
            count++;  //将计数器加1
        }
    }
    for(i=0;i<count-1;i++)  //以下是将数据进行从小到大排序的程序
    for(j=i+1;j<count;j++)
    if(outBuf[i]<outBuf[j])  //如果第i位比它后面的数大,则将两者进行交换,即将更小的值放到第i位
    {
       temp=outBuf[i];
       outBuf[i]=outBuf[j];
       outBuf[j]=temp;
    }
}
```

【解析】本题主要考查数据的奇偶判断、数组中数据的比较及排序。

程序步骤:①查找符合要求的项:利用条件 inBuf[i]%2! =0 找出数值是奇数的项。用该项与其后面的连续5项相比较,如果有一项不符合要求(大于或小于后面的项),则可将该项排除,程序中的 flag 变量即是为此目的而设的。这样一来便可找出所有符合要求的项。②排序的思想是(以从小到大为例):将当前数与其后的各个数相比较,如果当前的数比其后的数大,则将两数进行交换,从而使得前面的数小于后面的数,达到从小到大排序的目的。

第30套 上机考试试题答案与解析

```
void findData()
{
 int i,j,temp,flag;
```

```
count=0;
for(i=5;i<MAX;i++)
/*逐行取每个4位数*/
if(inBuf[i]%2==0)
/*若当前数是偶数*/
{
 flag=0;
 for(j=i-5;j<=i-1;j++)
 /*如果当前数据比其前5个数中的一个要小,
 则将标志置1,以示不满足要求*/
 if(inBuf[i]<inBuf[j])flag=1;
 if(flag==0)
 {
  outBuf[count]=inBuf[i];
  /*将满足要求的数存入 outBuf 中 */
  count++;
  /*将计数器加1*/
 }
}
for(i=0;i<count-1;i++)  /*以下是对数据进行从大到小的排序*/
for(j=i+1;j<count;j++)
if(outBuf[i]<outBuf[j])
/*如果第i位比它后面的数小,*/
{
 /*则将两者进行交换,即将更大的数放到第i位*/
 temp=outBuf[i];
 outBuf[i]=outBuf[j];
 outBuf[j]=temp;
}
}
```

【解析】本题考查的主要是数据的奇偶性判断及数组的排序。基本思路是:①查找符合要求的数,利用条件 inBuf[i]%2==0 找出偶数。用该数与其前面的连续5个数相比较,如果有一个数不符合要求(大于或等于后面的数),则可将该数排除,这样一来便可找出所有符合要求的数。②将当前数与其后的各个数相比较,如果当前的数比其后的数小,则将两数进行交换,从而使得前面的数大于后面的数,达到从大到小排序的目的。